中国高等学校电子教育学会黑龙江省分会"十三五"规划教材

C语言程序设计实践教程

主 编 王雪飞 孔德波 王 鹏 贾 红

U0285390

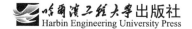哈尔滨工程大学出版社
Harbin Engineering University Press

内容简介

本书配合"案例引导,任务驱动"教学模式编写,深入浅出地讲解了 C 语言程序设计的基本方法;通过"理论讲解—例题分析—模仿练习"的学习模式,使读者循序渐进地掌握 C 语言的编程方法和思想,提高动手能力。本书编写注重培养读者先进行内算法描述后进行编程实践的良好编程习惯,使读者逐步掌握用计算机解决实际问题的方法。

本书叙述严谨,实例丰富,内容详尽,难易适中,重点突出,并将指针等较难理解的知识分解到多章中进行讲解,降低了读者学习的难度。

本书将理论与实践相结合,体系合理,深入浅出,通俗易懂,可作为工科院校的专科生和本科生的 C 语言程序设计课程的教材和参考书,也可以作为全国计算机等级考试二级 C 语言程序设计科目的参考书,还可以作为其他培训的教学用书或自学参考书。

图书在版编目 (CIP) 数据

C 语言程序设计实践教程 / 王雪飞等主编 . — 哈尔滨 : 哈尔滨工程大学出版社 , 2020.7(2022.7 重印)

ISBN 978-7-5661-2687-0

Ⅰ . ① C… Ⅱ . ①王… Ⅲ . ① C 语言—程序设计—高等学校 – 教材 Ⅳ . ① TP312.8

中国版本图书馆 CIP 数据核字 (2020) 第 131266 号

选题策划	刘凯元
责任编辑	王俊一　马毓聪
封面设计	李海波

出版发行	哈尔滨工程大学出版社
社　　址	哈尔滨市南岗区南通大街 145 号
邮政编码	150001
发行电话	0451-82519328
传　　真	0451-82519699
经　　销	新华书店
印　　刷	北京中石油彩色印刷有限责任公司
开　　本	787 mm×1 092 mm　1/16
印　　张	15.75
字　　数	400 千字
版　　次	2020 年 7 月第 1 版
印　　次	2022 年 7 月第 4 次印刷
定　　价	48.00 元

http://www.hrbeupress.com

E-mail:heupress@hrbeu.edu.cn

前　言

　　对于高校计算机相关专业的学生来说，程序的设计是最重要的基本功。入门课程"C语言程序设计"的学习效果将直接关系到学生对编程能力的掌握、提高及对后续课程的学习。然而，实践证明，许多初学者学习这门课程的效果并不理想。

　　那么，如何才能学好本课程？首先，要理解教材给出的语法描述，学会按语法规定去编写指定问题的求解程序。经过多次反复练习，初学者就可以找到编程的感觉。其次，要到计算机上去验证，因为只有实践才是检验真理的标准。只有到计算机上去实践，才能发现学习中存在的问题，巩固所学知识，提高解决实际问题的能力，增强信心。因此，上机实验是本课程必不可少的实践环节，必须加以重视。

　　本书所用环境是 Visual C++ 6.0。考虑到本课程的内容和特点，本书设置了 14 个实验，每个实验需要 2 ~ 3 h，分别侧重于教材中的一个方面，同时有综合性较强的习题供学有余力的学生选择。

　　学生在做实验之前应仔细阅读本书，初步掌握实验的基本要求和方法。在实验过程中，学生应该有意识地培养自己调试程序的能力，积累发现问题、解决问题的经验，灵活主动地学习。

　　本书第 1 章、第 2 章由贾红编写；第 3 章、第 4 章由孔德波编写；第 5 章、第 8 章由王雪飞编写，第 6 章、第 7 章由王鹏编写。

　　由于时间仓促，水平有限，书中难免存在错误，敬请读者批评指正。

编者
2020 年 3 月

目　　录

第 1 章　C 语言程序设计的初步知识

1.1　C 语言的发展过程

C 语言是在 20 世纪 70 年代初问世的。1978 年美国电话电报公司（American Telephone & Telegraph Incorporated，AT&T Inc.）贝尔实验室正式发表了 C 语言。同时，B. W. Kernighan 和 D. M. Ritchie 合著了著名的 *The C Programming Language* 一书，其通常被简称为 *K&R*，也有人称之为 *K&R* 标准。但是，*K&R* 并没有定义一个完整的标准 C 语言。后来美国国家标准协会（American National Standards Institute，ANSI）在此基础上制定了一个 C 语言标准，于 1983 年发表，通常称之为 ANSI C。

早期的 C 语言主要用于 UNIX 系统。由于自身的强大功能和各方面的优点逐渐为人们所认识，到了 20 世纪 80 年代，C 语言开始进入其他操作系统，并很快在各类大、中、小和微型计算机上得到了广泛的使用，成为当代最优秀的程序设计语言之一。

1.2　C 语言的版本

目前最流行的 C 语言有以下几种：① Microsoft C（或称 MS C）；③ Borland Visual C++ 6.0（或称 Visual C++ 6.0）；③ AT&T C。

这些版本的 C 语言不仅遵循 ANSI C，而且在此基础上各自进行了一些扩充，因此更加方便、完美。

1.3　C 语言的特点

C 语言具有如下特点。

（1）简洁、紧凑，使用方便、灵活。ANSI C 一共有 9 种控制语句和 32 个关键字（图 1-1），程序书写自由，主要用小写字母表示，压缩了一切不必要的成分。在 C 语言中，关键字都是小写的。

auto	break	case	char	const	continue	default
do	double	else	enum	extern	float	for
goto	if	int	long	register	return	short
signed	static	sizeof	struct	switch	typedef	union
unsigned	void	volatile	while			

图 1-1　ANSI C 的 32 个关键字

（2）运算符丰富。C 语言共有 34 种运算符。C 语言把括号、赋值符、逗号等都作为运算符处理，因而运算类型极为丰富，可以实现其他高级语言难以实现的运算。

（3）数据结构类型丰富。

（4）具有结构化的控制语句。

（5）语法限制不太严格，程序设计自由度大。

（6）允许直接访问物理地址，能进行位（bit）操作，能实现汇编语言的大部分功能，可以直接对硬件进行操作。因此有人把 C 语言称为中级语言。

（7）生成目标代码质量高，程序执行效率高。

（8）与用汇编语言写的程序相比，用 C 语言写的程序可移植性好。

但是，C 语言对程序员要求也高。程序员用 C 语言写程序会感到限制少、灵活性大，但 C 语言较其他高级语言在学习上要困难一些。

1.4　面向对象的程序设计语言

在 C 语言的基础上，贝尔实验室的 Bjarne Stroustrup 于 1983 年推出了 C++。C++ 进一步扩充和完善了 C 语言，成为一种面向对象的程序设计语言。C++ 目前流行的最新版本是 Borland C++，Symantec C++ 和 Microsoft Visual C++。

C++ 提出了一些更为深入的概念，它所支持的这些面向对象的概念容易将问题空间直接映射到程序空间，为程序员提供了一种与传统结构程序设计不同的思维方式和编程方法，因此也增加了整个语言的复杂性，掌握起来有一定难度。C 语言是 C++ 的基础，C++ 和 C 语言在很多方面是兼容的。因此，掌握了 C 语言，再进一步学习 C++ 就能以一种熟悉的语法来学习面向对象的语言，从而达到事半功倍的目的。

1.5　C 语言程序的结构特点

C 语言程序的结构特点如下。

（1）一个 C 语言程序可以由一个或多个程序文件组成。

（2）每个程序文件可由一个或多个函数组成。

（3）一个 C 语言程序不论由多少个程序文件组成，都有且只能有一个主函数。

（4）C 语言程序中可以有预处理命令（include 命令仅为其中的一种），预处理命令通常应放在程序文件或 C 语言程序的最前面。

（5）每一个说明、每一个语句都必须以分号结尾。但预处理命令、函数头和 } 之后不能加分号。

（6）标识符与关键字之间必须至少加一个空格以示间隔。若已有明显的间隔符，也可不再加空格来间隔。

1.6　书写 C 语言程序时应遵循的规则

从书写清晰，便于阅读、理解和维护的角度出发，在书写 C 语言程序时应遵循以下规则。

（1）一个说明或一个语句占一行。

（2）用 {} 括起来的部分，通常表示程序的某一层次结构。{ 和 } 一般与该结构语句的第一个字母对齐，并且 { 和 } 分别单独占一行。

（3）低一层次的语句或说明可比高一层次的语句或说明缩进若干格后书写，以便看起来更加清晰，增加程序的可读性。

在编程时应力求遵循这些规则，以养成良好的编程习惯。

【例 1-1】程序如下。

```
#include <stdio.h>
int main ( )
{
    printf（"世界，您好！\n"）；
    return 0；
}
```

main 是主函数的函数名，表示这是一个主函数。每一个 C 语言程序都有且只能有一个主函数。printf 函数的功能是把要输出的内容送到显示器去显示。printf 函数是一个由系统定义的标准函数，可在程序中直接调用。

【例 1-2】程序如下。

```
#include<math.h>                     /*include 命令称为文件包含命令 */
#include<stdio.h>                    /* 扩展名为 h 的文件称为头文件 */
int main ( )
{
    double x, s;                     /* 定义两个实数变量，以被后面程序使用 */
    printf（"input number：\n"）；     /* 显示提示信息 */
    scanf（"%lf", &x）；              /* 通过键盘获得一个实数 x*/
    s=sin（x）；                      /* 求 x 的正弦，并把它赋给变量 s*/
    printf（"sine of %lf is %lf\n", x, s）；  /* 显示程序运算结果 */
    return 0；
}                                    /*main 函数结束 */
```

此程序的功能是通过键盘输入一个数 x，求 x 的正弦值，然后输出结果。在 int main ( )

之前的两行称为预处理命令。预处理命令还有其他几种，这里的 include 命令称为文件包含命令，其意义是把尖括号 <> 或引号 "" 内指定的文件包含到本程序中来，成为本程序的一部分。被包含的文件通常是由系统提供的，其扩展名为 h，因此也被称为头文件或首部文件。C 语言的头文件中包括了各个标准库函数的函数原型。因此，在程序中调用一个库函数时，必须包含该函数原型所在的头文件。在此程序中，使用了 3 个库函数：输入函数 scanf 函数，正弦函数 sin 函数，输出函数 printf 函数。sin 函数是数学函数，其头文件为 math.h，因此在此程序的主函数前用 include 命令包含了 math.h。scanf 函数和 printf 函数是标准输入和输出函数，其头文件为 stdio.h，因此在此程序主函数前也用 include 命令包含了 stdio.h。

需要说明的是，C 语言规定对 scanf 函数和 printf 函数可以省去对其头文件的包含命令。所以，在此程序中也可以删去第二行的文件包含命令。在例 1-1 中也使用了 printf 函数，但省略了文件包含命令。

1.7　C 语言的字符集和词汇

1.7.1　C 语言的字符集

字符是组成语言的最基本的元素。C 语言的字符集由字母、数字、空白符、标点和特殊字符组成。在字符常量、字符串常量和注释中还可以使用汉字或其他可表示的图形符号。

（1）字母：小写字母 a ~ z 共 26 个，大写字母 A ~ Z 共 26 个。

（2）数字：0 ~ 9 共 10 个。

（3）空白符：空格符、制表符、换行符等统称为空白符。空白符只在字符常量和字符串常量中起作用。空白符在其他地方出现时，只起间隔作用，C 语言编译系统对它们忽略不计。因此，在程序中使用空白符与否，对程序的编译不产生影响，但在程序中适当的地方使用空白符将增加程序的清晰性和可读性。

（4）标点和特殊字符：标点和特殊字符包括算术运算符、关系运算符、逻辑运算符、位运算符、条件运算符和其他运算符。在后面将对其进行专门介绍。

1.7.2　C 语言的词汇

在 C 语言中使用的词汇分为 6 类：标识符、关键字、运算符、分隔符、常量、注释符。

1. 标识符

在程序中使用的变量名、函数名、标号等统称为标识符。除库函数的函数名由系统定义外，其余都由用户自定义。C 语言规定，标识符只能是字母（A ~ Z, a ~ z）、数字（0 ~ 9）、下划线（_）组成的字符串，并且其第一个字符必须是字母或下划线。

以下标识符是合法的：a，x，x3，BOOK_1，sum5。

以下标识符是非法的：3s（以数字开头）；s*T（出现非法字符 *）；-3x（以减号字符 - 开头）；bowy-1（出现非法减号字符 - ）。

在使用标识符时还必须注意以下几点。

（1）标准 C 语言不限制标识符的长度，但它受各种版本的 C 语言编译系统限制，同时也受到具体机器的限制。例如，在某版本 C 语言中规定标识符前八位有效，当两个标识符前八位相同时，则被认为是同一个标识符。

（2）在标识符中，大小写是有区别的。例如，BOOK 和 book 是两个不同的标识符。

（3）标识符虽然可由程序员随意定义，但标识符是用于标识某个量的符号，因此对标识符的命名应尽量有相应的意义，以便于阅读理解。

2. 关键字

关键字是由 C 语言规定的具有特定意义的字符串，通常也称为保留字。用户定义的标识符不应与关键字相同。C 语言的关键字分为以下几类。

（1）类型说明符：用于定义或说明变量、函数或其他数据结构的类型。如前面例题中用到的 int，double 等。

（2）语句定义符：用于表示一个语句的功能。

（3）预处理命令字：用于表示一个预处理命令。如前面各例中用到的 include。

3. 运算符

C 语言中含有相当丰富的运算符。运算符与变量、函数一起组成表达式，表示各种运算功能。运算符由一个或多个字符组成。

4. 分隔符

C 语言中使用的分隔符有逗号和空格两种。逗号主要用在类型说明和函数参数表中，分隔各个变量。空格多用于语句各单词之间，作间隔符。在关键字和标识符之间必须有一个以上的空格作间隔符，否则将会出现语法错误。例如：把 int a 写成 inta，C 语言编译系统会把 inta 当成一个标识符处理，其结果必然出错。

5. 常量

C 语言中使用的常量可分为数字常量、字符常量、字符串常量、符号常量、转义字符等。在后面将专门对其进行介绍。

6. 注释符

C 语言的注释符是以 /* 开头并以 */ 结尾的串。在 /* 和 */ 之间的内容即为注释。程序编译时，不对注释做任何处理。注释可出现在程序的任何位置。注释用来向用户提示或解释程序的意义。在调试程序时对暂不使用的语句也可用注释符括起来，使 C 语言编译系统将其跳过不做处理，待调试结束后再去掉注释符。

实验 1　熟悉基本实验环境

一、实验目的

1. 熟悉 C 语言程序的运行环境 Visual C++ 6.0。
2. 掌握如何编辑、编译、组建和运行一个 C 语言程序。
3. 掌握 C 语言程序的书写格式和 C 语言程序的结构。

二、实验内容

1. Visual C++ 介绍

Visual C++ 是微软公司推出的目前使用极为广泛的基于 Windows 平台的可视化集成开发环境，它和 Visual Basic、Visual Foxpro、Visual J++ 等软件构成了 Visual Studio（又名 Developer Studio）程序设计软件包。Visual Studio 是一个通用的应用程序集成开发环境，包含文本编辑器、资源编辑器、工程编译工具、增量链接器、源代码浏览器、集成调试工具，以及一套联机文档。使用 Visual Studio 可以完成创建、调试、修改应用程序等各种操作。

Visual C++ 分为学习版、专业版和企业版。Visual C++ 提供了一种控制台操作方式，供初学者使用。Win32 控制台程序（Win32 Console Application）是一类 Windows 程序，它不使用复杂的图形用户界面，程序与用户的交互通过一个标准的正文窗口，通过几个标准的输入输出流（I/O Streams）进行。下面将对使用 Visual C++ 编写简单的控制台程序做一个最初步的介绍。这里的介绍不包含 C++ 运行环境（尤其是 Windows 环境）下开发的内容，有关这方面的内容请参阅相应的开发手册。另外，Visual C++ 有丰富的函数库和类库，用户在设计程序时可以使用有关的内容，这方面的内容也请参阅相应的开发指南类书籍。

2. 运行 Visual C++ 6.0 的步骤

（1）进入系统，在 Windows 桌面或程序菜单中找到图标 ，双击运行 Visual C++ 6.0。

（2）进入 Visual C++ 6.0 界面，点击"文件"菜单，选择"新建"选项（或直接使用快捷键 Ctrl+N），在弹出的"新建"对话框（图 1-2）中选择"文件"选项卡中的"C++ Source File"，为新建的程序定义名称并选择文件的存储位置。

需要注意的是，文件名称必须是英文或数字，Visual C++ 6.0 兼容 C 语言程序和 C++ 程序，不加文件名类型后缀，则默认生成后缀为 .cpp 的 C++ 程序，也可以在文件名称后面加 .c；存储位置建议使用以个人信息定义的专属文件夹，以便后续查阅。

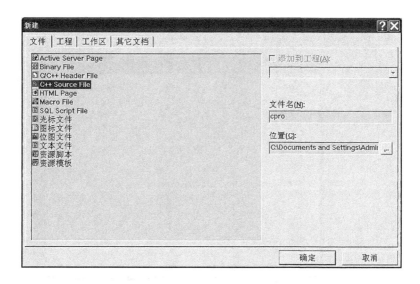

图1-2　"新建"对话框

（3）在弹出的程序编辑窗口（图1-3）中进行程序的编辑。

```
#include <stdio.h>
int main ( )
{
    printf ("C porgaram");
    return 0;
}
```

图1-3　程序编辑窗口

（4）点击"组建"菜单中的"编译"选项（或直接使用快捷键Ctrl+F7），并在弹出的询问是否创建工程和是否保存修改的窗口中依次点击"是"按钮；如果出现错误，双击错误可显示程序中哪一行出现了错误，可依据提示进行修改，修改后需要重新编译程序，直到没有错误出现为止；如果没有报错，可直接进行下一个步骤。

出现错误的C语言程序如图1-4所示。

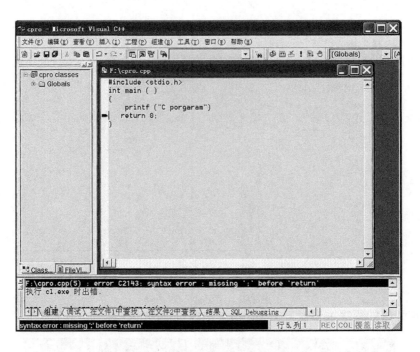

图 1-4　出现错误的 C 语言程序

根据错误提示对此程序进行修改（return 前缺少分号，可在 printf 函数后加上分号）并再次进行编译，直至不再报错。修改后的程序如图 1-5 所示。

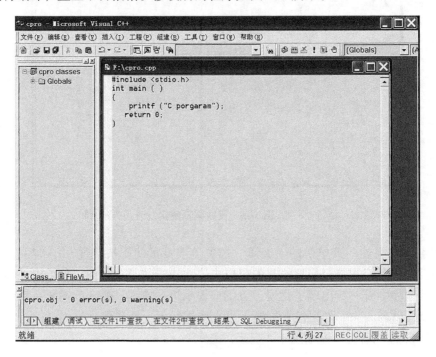

图 1-5　修改后的程序

（5）点击"组建"菜单中的"组建"选项（或直接使用快捷键F7），接下来点击"组建"菜单中的"运行"选项（或直接使用快捷键Ctrl+F5）。执行窗口如图1-6所示。

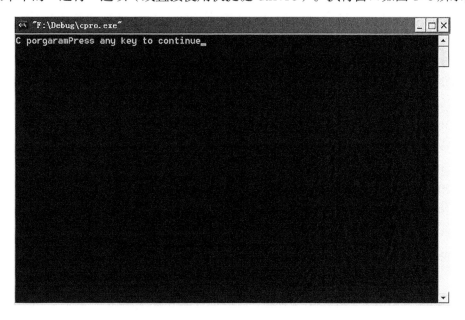

图1-6　执行窗口

在执行窗口中查看执行结果是否与设计要求相符，如果不相符，需要修改C语言程序，再从步骤（4）开始重新执行一遍，直至执行结果与设计要求相符。

3. 程序练习

读下面的程序，写出运行结果，并在 Visual C++ 6.0 中验证运行结果。

（1）输出显示信息。程序如下。

```c
#include <stdio.h>
int main ( )
{
  printf ("************************\n") ;
  printf ("    Very Good!    ") ;
  printf ("************************\n") ;
  return 0;
}
```

运行结果：

结果分析：

（2）求两个整数之和。程序如下。

```
#include <stdio.h>
int main ( )
{
  int a, b, sum;
  a=1234;
  b=5678;
  sum=a+b;
  printf ( "sum is %d\n", sum ) ;
  a=10;
  b=20;
  printf ( "sum is %d\n", sum ) ;
  return 0;
}
```

运行结果：

结果分析：

（3）比较两个数的大小，输出较大的数。程序如下。

```
#include <stdio.h>
int main ( )
{
  int a, b, max;
  printf ( "please input a, b, c: \n" ) ;
  scanf ( "%d, %d", &a, &b ) ;
  if ( a<b )
    max=b;
  else
    max=a;
  printf ( "max= %d\n", max ) ;
  return 0;
}
```

运行结果：

结果分析：

（4）比较三个数的大小，输出最大的数。程序如下。

```c
#include <stdio.h>
int main ( )
{
  int a，b，c，max;
  printf（"please input a，b，c：\n"）;
  scanf（"%d，%d，%d"，&a，&b，&c）;
  max=a;
  if（max<b）
    max=b;
  if（max<c）
    max=c;
  printf（"The largest number is %d\n"，max）;
  return 0;
}
```

运行结果：

结果分析：

（5）程序如下。

```c
#include<stdio.h>
int main ( )
{
  printf（"This is a C program.\n"）;
  return 0;
}
```

运行结果：

结果分析：

（6）程序如下。

```
#include<stdio.h>
int main ( )
{
  int a, b, sum；
  a=12；
  b=45；
  sum=a+b；
  printf（"sum is %d\n", sum）；
  a=10；
  b=34；
  sum=a*b；
  printf（"sum is %d\n", sum）；
  return 0；
}
```

运行结果：

结果分析：

4. 调试程序

下面的 C 语言程序，目的功能是计算输入的任意两个整数的积。

```
/＊＊＊＊a7.c＊＊＊＊＊/
#include（stdio.h）;
int main（）;
scanf（"%x, %y", &x, %y）  /*/*Input x and y*/*/
p=product（x, t）
printf（"The product is：", P）
return 0；
}
int product（int a, int b）
{
int c
c=a*b
return c
}
```

请调试上面的程序，修改程序中的错误并运行程序。

三、思考题

打开 Visual C++ 6.0，进行 C 语言程序的编辑、编译和运行后，存储文件夹中出现了什么类型的文件？它们分别有什么用途？

四、实验报告

1. 总结 C 语言程序运行环境 Visual C++ 6.0 的使用方法。

2. 整理实验程序，对程序的运行结果进行分析，并完成相应的思考题。要求报告书写字迹清晰、格式规范。

第 2 章　数据类型及其运算

2.1　C 语言的数据类型

从前面的内容中可以看到程序中使用的各种变量都应预先加以定义，即应满足"先定义，后使用"的原则。对变量的定义可以包括三个方面：数据类型、存储类型、作用域。

本章只介绍数据类型，其他两个方面在后面的章节中介绍。数据类型是按被定义变量的性质、表示形式、占据存储空间的多少、构造特点来划分的。在 C 语言中，数据类型可分为基本类型、构造类型、指针类型、空类型四大类。

2.1.1　基本类型

基本类型数据最主要的特点是其值不可以再分解为其他类型。也就是说，基本类型数据是自我说明的。

2.1.2　构造类型

构造类型是用已定义的一个或多个数据类型构造而成的。也就是说，一个构造类型数据的值可以分解成若干个"成员"或"元素"，每个"成员"都是一个基本类型数据或又是一个构造类型数据。在 C 语言中，构造类型有以下几种：数组类型、结构体类型、共用体（联合）类型。

2.1.3　指针类型

指针类型是一种特殊同时又具有重要作用的数据类型。其值用来表示某个变量在内存储器中的地址。虽然指针变量的取值类似于整型变量，但它们是两个数据类型完全不同的量，因此不能混为一谈。

2.1.4　空类型

在调用函数值时，通常应向调用者返回一个函数值。但是，有一类函数调用后并不需要向调用者返回函数值，这种函数可以定义为"空类型"。其类型说明符为 void。在后面的章节中将对其进行详细介绍。

本章介绍基本类型中的整型、实型（浮点型）和字符型。其余数据类型将在后面的章节中陆续介绍。

2.2　常量与变量

在程序执行过程中，其值不发生改变的量称为常量，其值可变的量称为变量。常量和变量可与数据类型结合起来对数据进行分类。例如，数据可分为整型常量、整型变量、浮点型常量、浮点型变量、字符常量、字符变量等。在程序中，常量是可以不经说明而直接被引用的，而变量则必须先被定义后被使用。

2.2.1　常量

常量可分为直接常量和符号常量两类。

1. 直接常量（字面常量）

整型常量举例：12, 0, –3。

实型常量举例：4.6, –1.23。

字符常量举例：'a', 'b'。

2. 符号常量

标识符是用来标识变量名、符号常量名、函数名、数组名、类型名、文件名的有效字符序列。在 C 语言中，可以用一个标识符来表示一个常量，称之为符号常量。符号常量在使用之前必须先定义。符号常量的一般形式：

#define 标识符　常量

其中，#define 是一条预处理命令（预处理命令都以 # 开头），称为宏定义命令（在后面将进一步介绍），其功能是把该标识符定义为其后的常量值。一经定义，以后在程序中所有出现该标识符的地方均代之以该常量值。

习惯上符号常量标识符用大写字母，变量标识符用小写字母，以示区别。

【例 2–1】符号常量的使用。程序如下。

```
#define PRICE 30
#include <stdio.h>
int main ()
{
    int num, total;  num=10;
    total=num* PRICE;
    printf（"total=%d", total）;
    return 0;
}
```

符号常量与变量不同，它的值在其作用域内不能改变，也不能再被赋值。

使用符号常量的好处是含义清楚，能做到"一改全改"。

2.2.2　变量

一个变量应该有一个名字，在内存中占据一定的存储单元。变量定义必须放在变量使用之前，一般放在函数体的开头部分。变量名和变量值是两个不同的概念。变量的三个要素如图 2–1 所示。

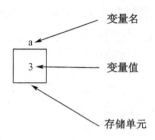

图 2-1 变量的三个要素

2.3 整型数据

整型数据可分为整型常量和整型变量。

2.3.1 整型常量

整型常量就是整常数。C 语言中使用的整常数有十进制、八进制和十六进制三种。

1. 十进制整常数

十进制整常数没有前缀，其数码取值为 0 ~ 9。

以下各数是合法的十进制整常数：237，-568，65535，1627。

以下各数不是合法的十进制整常数：023（有前导 0）、23D（含有非十进制数码）。

在程序中是根据前缀来区分各种进制数的，因此在书写常数时应注意不要把前缀弄错，造成结果不正确。

2. 八进制整常数

八进制整常数必须以 0 开头，即以 0 作为八进制整常数的前缀。其数码取值为 0 ~ 7。八进制整常数通常是无符号数。

以下各数是合法的八进制整常数：015（十进制为 13）、0101（十进制为 65）、0177777（十进制为 65535）。

以下各数不是合法的八进制整常数：256（无前缀 0）、03A2（含有非八进制数码）、-0127（出现了负号）。

3. 十六进制整常数

十六进制整常数的前缀为 0X 或 0x。其数码取值为 0~9、A~F 或 a~f。

以下各数是合法的十六进制整常数：0X2A（十进制为 42）、0XA0（十进制为 160）、0XFFFF（十进制为 65535）。

以下各数不是合法的十六进制整常数：5A（无前缀 0X）、0X3H（含有非十六进制数码）。

整型常量可以有后缀。在 16 位的机器上，基本整型数据的长度也为 16 位，因此其表示的数的范围也是有限定的：十进制无符号整常数为 0 ~ 65535，十进制有符号整常数为 -32768 ~ +32767；八进制无符号整常数为 0 ~ 0177777；十六进制无符号整常数为 0X0 ~ 0XFFFF 或 0x0 ~ 0xFFFF。如果使用的数不在上述范围中，就必须表示为长整型数。

长整型数有后缀 L 或 l。例如：十进制长整常数 158L（十进制为 158）、358000L（十进制为 358000）；八进制长整常数 012L（十进制为 10）、077L（十进制为 63）、0200000L（十进制为 65536）；十六进制长整常数 0X15L（十进制为 21）、0XA5L（十进制为 165）、0X10000L（十进制为 65536）。

　　长整常数 158L 和基本整常数 158 在数值上并无区别。但对 158L，因为是长整型量，C 语言编译系统将为它分配 4 个字节的存储空间。而对 158，因为是基本整型量，C 语言编译系统为它只分配 2 个字节的存储空间。因此，在运算和输出格式上对其要予以注意，避免出错。无符号数也可用后缀表示，整型常量的无符号数的后缀为 U 或 u。例如：358u，0x38Au，235Lu 均为无符号数。前缀和后缀可同时使用以表示各种类型的数。例如：0XA5Lu 表示十六进制无符号长整常数 A5，其十进制为 165。

2.3.2　整型变量

1. 整型变量在内存中的存放形式

如果定义了一个整型变量 i：

int i;

i=10;

其存储形式如图 2-2 所示。

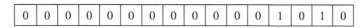

图 2-2　整型变量 i 的存储形式

　　整型数据是以补码表示的：正数的补码和原码相同；负数的补码是将该数的绝对值的二进制形式按位取反再加 1。由此可见，左面的第一位是表示符号的。

2. 整型变量的分类

（1）基本整型：类型说明符为 int，在内存中占 2 个字节。

（2）短整型：类型说明符为 short int 或 short。所占字节和取值范围均与基本型相同。

（3）长整型：类型说明符为 long int 或 long，在内存中占 4 个字节。

（4）无符号型：类型说明符为 unsigned。

　　无符号型又可与前三种类型搭配而构成无符号基本整型（类型说明符为 unsigned int 或 unsigned）、无符号短整型（类型说明符为 unsigned short）、无符号长整型（类型说明符为 unsigned long）、各种无符号量所占的内存空间字节数与相应的有符号量相同，但由于省去了符号位不能表示负数。

　　有符号整型变量最大表示 32767，无符号整型变量最大表示 65535。

3. 整型变量的定义

整型变量定义的一般形式：

类型说明符　变量名，变量名，……；

例如：

int a, b, c;　　　　　/*a, b, c 为基本整型变量 */

```
long x, y;                /*x, y 为长整型变量 */
unsigned p, q;            /*p, q 为无符号型变量 */
```

在书写整型变量定义时，应注意以下几点。

（1）允许在一个类型说明符后定义多个相同类型的变量，各变量名之间用逗号间隔，类型说明符与变量名之间至少用一个空格间隔。

（2）最后一个变量名之后必须以分号结尾。

（3）变量定义必须放在变量使用之前，一般放在函数体的开头部分。

【例 2-2】整型变量的定义与使用。程序如下。

```c
#include <stdio.h>
int main ( )
{
  int a, b, c, d;
  unsigned u;
  a=12;
  b=-24;
  u=10;
  c=a+u;
  d=b+u;
  printf ( "a+u=%d, b+u=%d\n", c, d ) ;
  return 0;
}
```

【例 2-3】整型数据的溢出。程序如下。

```c
#include <stdio.h>
int main ( )
{
  int a, b;
  a=32767;
  b=a+1;
  printf ( "%d, %d\n", a, b ) ;
  return 0;
}
```

【例 2-4】程序如下。

```c
#include <stdio.h>
int main ( )
{
  long x, y;
```

```
int a, b, c, d;
x=5;
y=6;
a=7;
b=8;
c=x+a;
d=y+b;
printf（"c=x+a=%d, d=y+b=%d\n", c, d）;
return 0;
}
```

此程序中，x 和 y 是长整型变量，a 和 b 是基本整型变量，它们之间允许进行运算，运算结果为长整型。但 c 和 d 被定义为基本整型变量，因此最后结果的数据类型为基本整型。例 2-4 说明不同数据类型的量可以参与运算并相互赋值，其中的类型转换是由 C 语言编译系统自动完成的。类型转换的规则将在后面介绍。

2.4 实型数据

实型数据可分为实型常量和实型变量。

2.4.1 实型常量

实型也称为浮点型，实型常量也称为实数或者浮点数。在 C 语言中，实数只采用十进制。它有十进制小数形式和指数形式两种形式。

（1）十进制小数形式：由数码 0~9 和小数点组成。例如：0.0, 25.0, 5.789, 0.13, 5.0, 300., -267.8230 等均为合法的实数。注意：必须有小数点。

（2）指数形式：由十进制数、阶码标志 e 或 E，以及阶码（只能为整数，可以带符号）组成。其一般形式为 aEn（a 为十进制数，n 为十进制整数），其值为 $a \times 10^n$。

以下是合法的实数：2.1E5（等于 2.1×10^5）、3.7E-2（等于 3.7×10^{-2}）、0.5E7（等于 0.5×10^7）、-2.8E-2（等于 -2.8×10^{-2}）。

以下不是合法的实数：345（无小数点）、E7（阶码标志 E 之前无数字）、-5（无阶码标志）、53.-E3（负号位置不对）、2.7E（无阶码）。

标准 C 语言允许浮点数使用后缀。后缀为 f 或 F 即表示该数为浮点数。例如：356f 和 356. 是等价的。例 2-5 说明了这种情况。

【例 2-5】程序如下。

```
#include <stdio.h>
int main（）
{
printf（"%f\n", 356.）;
printf（"%f\n", 356）;
```

```
    printf（"%f\n"，356f）；
    return 0；
}
```

2.4.2 实型变量

1. 实型数据在内存中的存放形式

实型数据一般占 4 个字节（32 位）内存空间，按指数形式存储。实型数据在内存中的存放形式如图 2-3 所示。

数符	小数部分	指数

图 2-3 实型数据在内存中的存放形式

小数部分占的位（bit）数愈多，数的有效数字愈多，精度愈高。指数部分占的位数愈多，则能表示的数值范围愈大。

2. 实型变量的分类

实型变量分为单精度（float）型、双精度（double）型和长双精度（long double）型三类。

在 Visual C++ 6.0 中单精度型占 4 个字节（32 位）内存空间，其数值范围为 3.4E-38~3.4E+38，只能提供 7 位有效数字。双精度型占 8 个字节（64 位）内存空间，其数值范围为 1.7E-308~1.7E+308，可提供 16 位有效数字。实型变量存储形式说明见表 2-1。

表 2-1 实型变量存储形式说明

类型说明符	比特数（字节数）	有效数字位数	数值范围
float	32（4）	6~7	$10^{-37} \sim 10^{38}$
double	64（8）	15~16	$10^{-307} \sim 10^{308}$
long double	128（16）	18~19	$10^{-4931} \sim 10^{4932}$

3. 实型变量的定义

实型变量的定义的形式和书写规则与整型变量相同。

例如：

float x，y；　　　　/*x，y 为单精度型 */

double a，b，c；　　/*a，b，c 为双精度型 */

4. 实型数据的舍入误差

由于实型数据的内存单元是有限的，因此其能提供的有效数字位数总是有限的。

【例 2-6】实型数据的舍入误差。程序如下。

```
#include <stdio.h>
int main（）
{
    float a，b；
```

```
a=123456.789e5;
b=a+20;
printf（"%f\n", a）;
printf（"%f\n", b）;
return 0;
}
```

注意：1.0/3*3 的结果并不等于 1。

【例 2-7】程序如下。

```
#include <stdio.h>
int main（）
{
float a;
double b;
a=33333.3333;
b=33333.33333333333333;
printf（"%f\n%f\n", a, b）;
return 0;
}
```

此程序中，a 是单精度型，有效数字位数只有 7 位，而整数已占 5 位，故小数第二位之后均为无效数字；b 是双精度型，有效数字位数为 16 位，但 Visual C++ 6.0 规定小数点后最多保留 6 位，其余部分四舍五入。

实型常量不分单、双精度型，都按双精度（double）型处理。

2.5 字符型数据

字符型数据包括字符常量和字符变量。

2.5.1 字符常量

字符常量是用单引号括起来的一个字符。例如: 'a'、'b'、'='、'+'、'?' 都是合法的字符常量。

在 C 语言中，字符常量有以下特点。

（1）字符常量只能用单引号括起来，不能用双引号或其他括号括起来。

（2）字符常量只能是单个字符，不能是字符串。

（3）字符常量可以是字符集中任意字符。数字被定义为字符型数据之后就不能参与数值运算。例如：'5' 和 5 是不同的，'5' 是字符常量，不能参与运算。

2.5.2 转义字符

转义字符是一种特殊的字符常量。转义字符以反斜线 \ 开头，后跟一个或几个字符。转义字符具有特定的含义，不同于字符原有的意义，故称转义字符。例如，在前面各例题程序中的 printf 函数的格式控制字符串中用到的 \n 就是一个转义字符，其意义是"回车换行"。转义字符主要用来表示那些用一般字符不便于表示的控制代码。常用的转义字符及其意义见表2-2。

表 2-2　常用的转义字符及其意义

转义字符	意义	ASCII 码值（十进制）
\n	回车换行	010
\t	横向跳到下一制表位置	009
\b	退格	008
\r	回车	013
\f	走纸换页	012
\\	反斜线字符	092
\'	单引号字符	039
\"	双引号字符	034
\a	鸣铃	007
\ddd	1～3位八进制数所代表的字符	
\xhh	1～2位十六进制数所代表的字符	

广义地讲，C语言字符集中的任何一个字符均可用转义字符来表示。表2-2中的\ddd和\xhh正是为此而提出的。ddd和hh分别为八进制和十六进制表示的ASCII代码。例如\101表示字母A，\102表示字母B，\134表示反斜线，\XOA表示换行等。

【例2-8】转义字符的使用。程序如下。

```c
#include <stdio.h>
int main ( )
{
    int a, b, c;
    a=5;
    b=6;
    c=7;
    printf（" ab c\tde\rf\n"）;
    printf（"hijk\tL\bM\n"）;
    return 0;
}
```

2.5.3　字符变量

字符变量用来存储字符常量，即单个字符。

字符变量的类型说明符是char。字符变量定义的形式和书写规则与整型变量相同。

例如：

char a，b;

2.5.4　字符数据在内存中的存储形式及使用方法

每个字符变量被分配一个字节的内存空间，因此只能存放一个字符。字符值是以 ASCII 码的形式存放在字符变量的内存单元之中的。

如 x 的十进制 ASCII 码是 120，y 的十进制 ASCII 码是 121。对字符变量 a、b 分别赋给 'x' 和 'y' 的值：

a='x'；

b='y'；

实际上是在 a、b 两个字符变量对应的内存单元中存放 120 和 121 的二进制代码，如图 2–4 和图 2–5 所示。

0	1	1	1	1	0	0	0

图 2–4　在字符变量 a 对应的内存单元中存放 120 的二进制代码

0	1	1	1	1	0	0	1

图 2–5　在字符变量 b 对应的内存单元中存放 121 的二进制代码

所以，也可以把它们看成整型变量。C 语言允许对整型变量赋以字符值，也允许对字符变量赋以整型值。在输出时，允许把字符变量按整型变量输出，也允许把整型变量按字符变量输出。

整型变量为二字节量，字符变量为单字节量，当整型变量按字符变量处理时，只有低八位字节参与处理。

【例 2–9】向字符变量赋以整数。程序如下。

```c
#include <stdio.h>
int main ( )
{
  char a，b；
  a=120；
  b=121；
  printf（"%c，%c\n"，a，b）；
  printf（"%d，%d\n"，a，b）；
  return 0；
}
```

此程序中定义 a 和 b 为字符变量，但在赋值语句中赋给它们整型值。从结果看，字符变量 a 和 b 的值的输出形式取决于 printf 函数格式控制字符串中的格式符。

【例 2–10】程序如下。

```c
#include <stdio.h>
```

```
int main ( )
{
  char a，b；
  a='a'；
  b='b'；
  a=a-32；
  b=b-32；
  printf（"%c，%c\n%d，%d\n"，a，b，a，b）；
  return 0；
}
```

此程序中，a 和 b 被说明为字符变量并被赋给字符值，C 语言允许字符变量参与数值运算，即用字符的 ASCII 码参与运算。同一字母大小写的 ASCII 码相差 32，此程序运算后把小写字母换成大写字母。

2.5.5　字符串常量

字符串常量是由一对双引号括起的字符序列。例如："CHINA"、"Cprogram"、"$12.5"等都是合法的字符串常量。

字符串常量和字符常量是不同的量。它们之间主要有以下区别。

（1）字符常量由单引号括起来，字符串常量由双引号括起来。

（2）字符常量只能是单个字符，字符串常量则可以是一个或多个字符。

（3）可以把一个字符常量赋给一个字符变量，但不能把一个字符串常量赋给一个字符变量，在 C 语言中没有相应的字符串变量。这是与 BASIC 语言不同的。但是，在 C 语言中可以用一个字符数组来存放一个字符串常量。

（4）字符常量占一个字节的内存空间。字符串常量占的内存字节数等于字符串字节数加 1。增加的一个字节中存放字符 '\0'（ASCII 码为 0），它是字符串结束的标志。

例如，字符串 "Cprogram" 在内存中占 9 个字节，如图 2-6 所示。

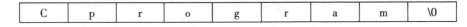

图 2-6　字符串 "Cprogram" 在内存中的存在形式

字符常量 'a' 和字符串常量 "a" 虽然都只有一个字符，但在内存中的存在形式是不同的。字符常量 'a' 在内存中占一个字节，如图 2-7 所示。

a

图 2-7　字符常量 'a' 在内存中的存在形式

字符串常量 "a" 在内存中占两个字节，如图 2-8 所示。

a	\0

图 2-8　字符串常量 "a" 在内存中的存在形式

2.6　变量赋初值

在程序中常常需要对变量赋初值，以便使用变量。C 语言中有多种方法为变量提供初值。下面介绍在变量定义中给变量赋初值的方法，这种方法称为初始化。在变量定义中给变量赋初值的一般形式：

类型说明符　变量 1= 值 1，变量 2= 值 2，……；

例如：

int a=3；

int b，c=5；

float x=3.2，y=3f，z=0.75；

char ch1='K'，ch2='P'；

应注意，在定义中不允许连续赋值，如 a=b=c=5 是不合法的。

【例 2-11】程序如下。

```
#include <stdio.h>
int main ( )
{
  int a=3，b，c=5；
  b=a+c；
  printf（"a=%d，b=%d，c=%d\n"，a，b，c）；
  return 0；
}
```

2.7　数据类型的转换

2.7.1　自动转换

变量的数据类型是可以转换的，转换的方法有两种，一种是自动转换，另一种是强制转换。

自动转换发生在不同数据类型的量混合运算时，由 C 语言编译系统自动完成。自动转换遵循以下规则。

（1）若参与运算的量的数据类型不同，则先转换成同一数据类型，然后进行运算。

（2）转换向数据长度增加的方向进行，以保证精度不降低。例如，int 型量和 long 型量的运算，把 int 型量转换成 long 型量后再进行运算。

（3）所有的浮点型量的运算都是以双精度进行的，即使表达式中仅含 float 型量，也要先将 float 型量转换成 double 型量，再进行运算。

（4）char 型量和 short 型量参与运算时，必须先转换成 int 型量。

（5）在赋值运算中，赋值号两边量的数据类型不同时，赋值号右边量的数据类型将转换为赋值号左边量的数据类型。如果赋值号右边量的数据类型长度较赋值号左边量的数据类型长度长，将丢失一部分数据，这样会降低精度，丢失的部分按四舍五入向前舍入。

数据类型自动转换的层次关系如图 2-9 所示。

图 2-9　数据类型自动转换的层次关系

【例 2-12】程序如下。

```c
#include <stdio.h>
int main ( )
{
  float PI=3.14159;
  int s, r=5;
  s=r*r*PI;
  printf ( "s=%d\n", s ) ;
  return 0;
}
```

此程序中，PI 为实型量；s 和 r 为整型量。在执行程序第 6 行的语句时，r 和 PI 都转换成 double 型量进行运算，结果也为 double 型量。但由于 s 为整型量，故赋值结果仍为整型，舍去了小数部分。

2.7.2　强制转换

强制转换是通过类型转换运算来实现的。其一般形式：

（类型说明符）（表达式）

其功能是把表达式的运算结果强制转换成类型说明符所表示的数据类型。

例如：（float）a 是把 a 转换为实型量，（int）（x+y）是把 x+y 的结果转换为整型量。

在使用强制转换时应注意以下问题。

（1）类型说明符和表达式都必须加括号（单个变量可以不加括号），如把（int）（x+y）写成（int）x+y 则成了把 x 转换成 int 型量之后再与 y 相加了。

（2）无论是强制转换还是自动转换，都只是为了本次运算的需要而对变量的数据长度进行的临时性转换，而不改变数据说明时对该变量定义的数据类型。

【例 2-13】程序如下。

```c
#include <stdio.h>
int main ()
{
    float f=5.75;
    printf ( "（int）f=%d, f=%f\n", （int）f, f ) ;
    return 0;
}
```

此程序中，f 虽被强制转换为 int 型量，但强制转换只在运算中起作用，是临时的，f 本身的数据类型并不改变。因此，（int）f 的值为 5（删去了小数），而 f 的值仍为 5.75。

2.8　算术运算符和算术表达式

C 语言中运算符和表达式数量之多，在高级语言中是少见的。正是丰富的运算符和表达式使 C 语言功能十分完善，这也是 C 语言的主要特点之一。

C 语言的运算符不仅具有不同的优先级，还有不同的结合性。在表达式中，各参与运算的量参与运算的先后顺序不仅要遵守运算符优先级的规定，还要受运算符结合性的制约，以便确定是自左向右进行运算还是自右向左进行运算。这种结合性是其他高级语言的运算符所没有的，因此也增加了 C 语言的复杂性。

C 语言的运算符可分为以下几类。

（1）算术运算符：用于各类数值运算，包括加（+）、减（-）、乘（*）、除（/）、求余（或称模运算，%）、自增（++）、自减（--），共 7 种。

（2）关系运算符：用于比较运算，包括大于（>）、小于（<）、等于（==）、大于等于（>=）、小于等于（<=）、不等于（!=），共 6 种。

（3）逻辑运算符：用于逻辑运算，包括与（&&）、或（||）、非（!），共 3 种。

（4）位操作运算符：参与运算的量按二进制位进行运算，包括位与（&）、位或（|）、位非（~）、位异或（^）、左移（<<）、右移（>>），共 6 种。

（5）赋值运算符：用于赋值运算，分为简单赋值运算符（=）、复合算术赋值运算符（+=, -=, *=, /=, %=）和复合位运算赋值运算符（&=, |=, ^=, >>=, <<=）3 类，共 11 种。

（6）条件运算符：一个三目运算符，用于条件求值（?:）。

（7）逗号运算符：用于把若干表达式组合成一个表达式（,）。

（8）指针运算符：用于取内容（*）和取地址（&）两种运算。

（9）求字节数运算符：用于计算数据类型所占的字节数（sizeof）。

（10）特殊运算符：有括号 ()、下标 []、成员（→，.）等几种。

2.8.1　基本的算术运算符

（1）加法运算符（+）：加法运算符为双目运算符，即应有两个量参与加法运算，如 a+b，4+8 等。加法运算符具有右结合性。

（2）减法运算符（-）：减法运算符为双目运算符。其也可作负值运算符，此时为单目运算符，如 -x，- 等。减法运算符具有左结合性。

（3）乘法运算符（*）：乘法运算符为双目运算符，具有左结合性。

（4）除法运算符（/）：除法运算符为双目运算符，具有左结合性。参与运算的量均为整型量时，结果也为整型量，舍去小数。如果参与运算的量中有一个是实型量，则结果为双精度型量。

【例 2-14】程序如下。

```
#include <stdio.h>
int main ()
{
  printf（"\n\n%d，%d\n"，20/7，-20/7）;
  printf（"%f，%f\n"，20.0/7，-20.0/7）;
  return 0;
}
```

此程序中，20/7，-20/7 的结果均为整型量，小数全部舍去；而 20.0/7 和 -20.0/7 由于有实数参与运算，因此结果也为实型量。

（5）求余运算符（模运算符）（%）：求余运算符为双目运算符，具有左结合性。求余运算符要求参与运算的量均为整型量，求余运算的结果等于两数相除后的余数。

【例 2-15】程序如下。

```
#include <stdio.h>
int main ()
{
  printf（"%d\n"，100%3）;
  return 0;
}
```

此程序输出 100 除以 3 所得的余数 1。

2.8.2　算术表达式与运算符的优先级和结合性

表达式是由常量、变量、函数和运算符组合起来的式子。一个表达式有一个值及其类型，它们等于计算表达式所得结果的值和类型。表达式求值按运算符的优先级和结合性规定的顺序进行。单个的常量、变量、函数可以看作表达式的特例。

1.算术表达式

用算术运算符和括号将运算对象（也称操作数）连接起来的、符合 C 语言语法规则的式子称为算术表达式。以下是算术表达式的例子。

a+b

（a*2）／c

（x+r）*8-（a+b）／7

++I

sin（x）+sin（y）

（++i）-（j++）+（k--）

2. 运算符的优先级

C 语言中，运算符的优先级共分为 15 级，1 级最高，15 级最低。在表达式中，优先级较高的先于优先级较低的进行运算。当一个运算量两侧的运算符优先级相同时，则按运算符的结合性所规定的结合方向处理。

3. 运算符的结合性

C 语言中各运算符的结合性分为两种，即左结合性（自左至右）和右结合性（自右至左）。例如：算术运算符的结合性是自左至右，即先左后右，如有表达式 x-y+z，则 y 应先与 - 结合，执行 x-y 运算，然后再执行 +z 的运算。这种自左至右的结合方向就称为"左结合性"。而自右至左的结合方向称为"右结合性"。最典型的右结合性运算符是赋值运算符。如 x=y=z，由于 = 的右结合性，应先执行 y=z 运算，再执行 x=（y=z）运算。C 语言运算符中有不少为右结合性，应注意区别，以避免理解错误。

2.8.3　自增、自减运算符

自增运算符为 ++，其功能是使变量的值自增 1。

自减运算符为 --，其功能是使变量值自减 1。

自增、自减运算符均为单目运算符，都具有右结合性，可有以下几种形式。

（1）++i：i 自增 1 后再参与其他运算。

（2）--i：i 自减 1 后再参与其他运算。

（3）i++：i 参与运算后，i 的值再自增 1。

（4）i--：i 参与运算后，i 的值再自减 1。

在理解和使用上容易出错的是 i++ 和 i--。特别是当它们出在较复杂的表达式或语句中时，常常难以弄清，因此应仔细分析。

【例 2-16】程序如下。

```c
#include <stdio.h>

int main（）
{
  int i=8；
  printf（"%d\n"， ++i）；
  printf（"%d\n"， --i）；
  printf（"%d\n"， i++）；
  printf（"%d\n"， i--）；
```

```
printf（"%d\n"，–i++）;
printf（"%d\n"，–i––）;
return 0;
}
```

此程序中 i 的初值为 8，第 5 行 i 加 1 后输出（为 9）；第 6 行 i 减 1 后输出（为 8）；第 7 行输出 i（为 8）之后 i 再加 1（为 9）；第 8 行输出 i（为 9）之后 i 再减 1（为 8）；第 9 行输出 –8 之后 i 再加 1（为 9）；第 10 行输出 –9 之后 i 再减 1（为 8）。

【例 2–17】程序如下。

```
#include <stdio.h>
int main（）
{
int i=5, j=5, p, q;
p=（i++）+（i++）+（i++）;
q=（++j）+（++j）+（++j）;
printf（"%d, %d, %d, %d", p, q, i, j）;
return 0;
}
```

此程序中，对 p=（i++）+（i++）+（i++）应理解为三个 i 相加，故 p 值为 15。然后 i 再自增 1 三次相当于加 3，故 i 的最后值为 8。而对于 q 的值则不然，q=（++j）+（++j）+（++j）应理解为 q 先自增 1，再参与运算，由于 q 自增 1 三次后值为 8，三个 8 相加的和为 24，j 的最后值仍为 8。

2.9　赋值运算符和赋值表达式

赋值运算符为 =，由 = 连接的式子称为赋值表达式。其一般形式：

变量 = 表达式

例如：

x=a+b

w=sin（a）+sin（b）

y=i+++--j

赋值表达式的功能是计算表达式的值再将其赋给左边的变量。赋值运算符具有右结合性。因此，a=b=c=5 可理解为 a=（b=（c=5））。

在其他高级语言中，赋值构成了一个语句，称为赋值语句。而在 C 语言中，把 = 定义为运算符，从而组成赋值表达式。凡是表达式可以出现的地方均可出现赋值表达式。

例如，x=（a=5）+（b=8）是合法的，它的意义是把 5 赋给 a，把 8 赋给 b，再把 a 和 b 相加，得到的和赋给 x，故 x 应等于 13。

在 C 语言中也可以组成赋值语句，按照 C 语言规定，任何表达式在其末尾加上分号就成为语句。因此

x=8；

a=b=c=5；

都是赋值语句，在前面各例中就大量使用了这类语句。

如果赋值运算符两边的量数据类型不相同，系统将自动进行类型转换，即把赋值运算符右边的量的数据类型换成赋值运算符左边的量的数据类型，具体规定如下。

（1）实型量赋给整型量，舍去小数部分。

（2）整型量赋给实型量，数值不变，但将以浮点型量存放，即增加小数部分（小数部分的值为 0）。

（3）字符型量赋给整型量，由于字符型量所占内存空间为一个字节，而整型量所占内存空间为两个字节，因此将字符的 ASCII 码值放到整型量的低八位中，高八位为 0。

（4）整型量赋给字符型量，只把低八位赋给字符型量。

【例 2-18】程序如下。

```c
#include <stdio.h>
int main ( )
{
  int a，b=322；
  float x，y=8.88；
  char c1='k'，c2；
  a=y；
  x=b；
  a=c1；
  c2=b；
  printf（"%d，%f，%d，%c"，a，x，a，c2）；
  return 0；
}
```

此程序对上述赋值运算中类型转换的规则进行了说明。a 为整型量，被赋予实型量 y 的值后只取整数 8。x 为实型量，被赋予整型量 b 的值后增加了小数部分。字符型量 c1 的值赋给 a 变为整型量。整型量 b 的值赋给 c2 后取其低八位成为字符型量（b 的低八位为 01000010，即十进制 66，按 ASCII 码对应字符 B）。

在赋值运算符 = 之前加上其他双目运算符可构成复合赋值符，如 +=，-=，*=，/ =，%=，<<=，>>=，&=，^=，|=。

其构成的复合赋值表达式的一般形式：

变量 双目运算符 = 表达式

它等效于

变量 = 变量 双目运算符 表达式

例如：a+=5 等价于 a=a+5，x*=y+7 等价于 x=x*（y+7），r%=p 等价于 r=r%p。

复合赋值符的用法可能让初学者觉得不习惯，但其十分有利于编译处理，能提高编译效率并产生质量较高的目标代码。

2.10 逗号运算符和逗号表达式

在 C 语言中逗号也是一种运算符，称为逗号运算符，其功能是把两个表达式连接起来组成一个表达式，称为逗号表达式。

逗号表达式的一般形式：

表达式 1，表达式 2

其求值过程是分别求两个表达式的值，并以表达式 2 的值作为整个逗号表达式的值。

【例 2-19】程序如下。

```c
#include <stdio.h>
int main ( )
{
 int a=2, b=4, c=6, x, y；
 y=（x=a+b），（b+c）；
 printf（"y=%d, x=%d", y, x）；
 return 0；
}
```

此程序中，y 的值等于整个逗号表达式的值，也就是表达式 b+c 的值，x 的值是第一个表达式的值。对于逗号表达式还要说明以下两点。

（1）逗号表达式一般形式中的表达式 1 和表达式 2 也可以又是逗号表达式。

例如：

表达式 1，（表达式 2，表达式 3）

这就形成了嵌套情形。因此可以把逗号表达式扩展为以下形式：

表达式 1，表达式 2，…，表达式 *n*

整个逗号表达式的值等于表达式 *n* 的值。

（2）程序中使用逗号表达式，通常是要分别求逗号表达式内各表达式的值，并不一定要求整个逗号表达式的值。

并不是在所有出现逗号的地方都组成逗号表达式，如在变量说明中，函数参数表中逗号只是用作各变量之间的间隔符。

实验 2　数据的表达形式及其运算

一、实验目的

1. 掌握 C 语言程序的运行环境 Visual C++ 6.0。
2. 掌握 C 语言数据类型的含义和应用。
3. 掌握 C 语言基本运算符的应用。
4. 掌握 C 语言常用表达式的应用。

二、实验内容

1. 读下面的程序，写出运行结果，并在 Visual C++ 6.0 中验证运行结果。

（1）输入不同类型的数据，并逐行输出。程序如下。

```c
#include <stdio.h>
int main（ ）
{
 int a, b；
 float x, y；
 char c1, c2；
 scanf（ "a=%d, b=%d", &a, &b）；
 scanf（ "x=%f, y=%f", &x, &y）；
 scanf（ "%c%c", &c1, &c2）；
 printf（ "a=%d, b=%d\n", a, b）；
 printf（ "x=%4.2f, y=%4.2f\n", x, y）；
 printf（ "c1=%c, c2=%c", c1, c2）；
 return 0；
}
```

运行结果：

结果分析：

（2）比较自增、自减运算符位置不同对运算结果的影响。程序如下。

```c
#include <stdio.h>
int main（ ）
{
 int i, j, m, n=8；
```

```
i=8;
j=10;
m=i++;
n=--j;
printf（"%d, %d, %d, %d\n", i, j, m, n）;
return 0;
}
```
运行结果：

结果分析：

（3）算数运算符、条件运算符和求字节数运算符及其相应表达式的应用。程序如下。
```
#include <stdio.h>
int main（ ）
{
  int a=65, b=66, ilen, clen;
  char c;
  ilen=sizeof（a）;
  clen=sizeof（c）;
  printf（"%d, %d, %d, %d\n", a, b, ilen, clen）;
  printf（"%c\n", c）;
  return 0;
}
```
运行结果：

结果分析：

（4）关系运算符、逻辑运算符和逗号运算符及其相应表达式的应用。程序如下。
```
#include <stdio.h>
int main（ ）
{
  int a=10, b=8, c=5, d=4;
  a=b==c;
  b=a++&&c++;
```

```
    c=（a, b）;
    d=a++||b++;
    printf（"%d, %d, %d, %d\n", a, b, c, d）;
    return 0;
}
```

运行结果：

结果分析：

（5）程序如下。

```
#include <stdio.h>
int main（）
{
  int a=5;
  int b=3;
  float c, e;
  char d='A';
  c=a/b;
  printf（"shang：%d, %d, yu：%d, %d\n", a/b, b/a, a%b, b%a）;
  printf（"a++ = %d, ++b=%d\n", a++, ++b）;
  printf（"（float）a=%f, （int）=%d\n", （float）a, （int）3.33）;
  printf（"（float）a=%d, （int）=%f\n", （float）a, （int）3.33）;
  printf（"zheng d+32= %d\n", d+32）;
  printf（"zifu d+32= %c\n", 3）;
  return 0;
}
```

运行结果：

结果分析：

（6）程序如下。

```
#include<stdio.h>
int main（　）
{
```

```
    char  c1, c2;
    c1=97;
    c2=98;
    printf（"%c  %c\n", c1, c2）;
    printf（"%d  %d\n", c1, c2）;
    return 0;
}
```
运行结果：

结果分析：

（7）程序如下。

```
#define PRICE 30
#include<stdio.h>
int main（  ）
{
    int num, total1, total2;
    num=10;
    total1=num*PRICE;
    total2=num*30;
    printf（"total1=%d\n", total1）;
    printf（"total2=%d\n", total2）;
    return 0;
}
```
运行结果：

结果分析：

（8）程序如下。

```
#include<stdio.h>
int main（  ）
{
    int a, b;
    a=32767;
```

```
    b=a+1;
    printf（"a=%d, b=%d", a, b）;
    return 0;
}
```
运行结果：

结果分析：

（9）程序如下。
```
#include<stdio.h>
int main（）
{
  float x;
  int i;
  x=3.6;
  i=（int）x;
  printf（"x=%f, i=%d", x, i）;
  return 0;
}
```
运行结果：

结果分析：

（10）程序如下。
```
#include<stdio.h>
int main（）
{
  int  i, j, m, n=2;
  i=8, j=10;
  m=++i;
  n+=j++;
  printf（"%d, %d, %d, %d\n", i, j, m, n）;
  return 0;
}
```
运行结果：

结果分析：

2. 调试程序。下面的程序的目的功能是计算通过键盘输入的任意两个整数的平均值。

```
#include<stdio.h>
int main ( )
{
  int  x, y, a;
  scanf ( "%x, %y", &x, &y ) ;
  a= ( x+y ) /2;
  printf ( "The average is: %d\n", a ) ;
  return 0;
}
```

调试无语法错误后，分别使用下列输入对上面的程序进行测试。

（1）2, 6。
（2）–1, –3。
（3）–1, 3。
（4）1, 6。
（5）32800, 33000。
（6）–32800, 33000。

三、思考题

1. 对于 Visual C++ 6.0，不同类型的数据各占多少个字节？

2. 结合算数运算符、关系运算符、逻辑运算符和赋值运算符等多种基本运算符一起使用时，它们各自的优先级和结合性是什么？

四、实验报告

1. 整理实验程序，对程序的运行结果进行分析。

2. 总结常用数据类型的应用范围、常用数据类型间的不同、基本运算符及其相应表达式的使用方法。

3. 完成思考题。

第 3 章　顺序结构程序设计

3.1　C 语言语句概述

C 语言程序的执行部分是由语句组成的，其功能也是由语句实现的。

C 语言语句可分为以下五类：表达式语句、函数调用语句、控制语句、复合语句和空语句。

3.1.1　表达式语句

表达式语句由表达式加上分号组成。

表达式语句的一般形式：

表达式；

执行表达式语句就是计算表达式的值。

例如：

x=y+z;　　　　/* 赋值语句 */

y+z;　　　　　/* 加法运算语句，但计算结果不能保留，无实际意义 */

i++;　　　　　/* 自增语句，i 值增 1*/

3.1.2　函数调用语句

函数调用语句由函数名、实际参数表加上分号组成。

函数调用语句的一般形式：

函数名（实际参数表）；

执行函数调用语句就是调用函数体并把实际参数的值赋给函数定义中的形式参数，然后执行被调函数体中的语句，求取函数值（在第 7 章中将对此进行介绍）。

例如：

printf（"C Program"）；/* 调用库函数，输出字符串 */

3.1.3　控制语句

控制语句用于控制程序的流程，以实现程序的各种结构。控制语句由特定的语句定义符组成。C 语言有 9 种控制语句，可分成以下 3 类。

（1）条件判断语句：if 语句、switch 语句。

（2）循环执行语句：do while 语句、while 语句、for 语句。

（3）转向语句：break 语句、goto 语句、continue 语句、return 语句。

3.1.4　复合语句

把多个语句用 {} 括起来组成的一个语句称为复合语句。

在程序中应把复合语句看成单条语句，而不是多条语句。

例如：

```
{
  x=y+z;
  a=b+c;
  printf（"%d%d"，x，a）；
}
```

这是一条复合语句。

复合语句内的各条语句都必须以分号结尾，在 } 后不能加分号。

3.1.5　空语句

只由分号组成的语句称为空语句。空语句是什么也不执行的语句。在程序中空语句可用作空循环体。

例如：

```
while（getchar（）!='\n'）；
```

此语句的功能：只要通过键盘输入的字符不是回车，则重新输入。这里的循环体为空语句。

3.2　赋值语句

赋值语句是由赋值表达式加上分号构成的表达式语句。

赋值语句的一般形式：

变量 = 表达式;

赋值语句的功能和特点都与赋值表达式相同。它是程序中使用最多的语句之一。

使用赋值语句需要注意以下几点。

（1）由于在赋值运算符右边的表达式也可以又是一个赋值表达式，因此下面的形式是成立的，从而形成嵌套的情形。

变量 =（变量 = 表达式）;

其展开之后的一般形式：

变量 = 变量 =…= 表达式;

例如：

```
a=b=c=d=e=5;
```

根据赋值运算符的右结合性，上面的语句实际上等效于：

```
e=5;
d=e;
```

c=d;

b=c;

a=b;

（2）在变量说明中给变量赋初值和赋值语句存在区别。

给变量赋初值是变量说明的一部分，被赋初值后的变量与其后的其他同类变量之间仍必须用逗号间隔，而赋值语句则必须用分号结尾。

例如：

int a=5，b，c;

（3）在变量说明中，不允许连续给多个变量赋初值。

下述说明是错误的：

int a=b=c=5;

必须写为

int a=5，b=5，c=5;

而赋值语句允许连续赋值。

（4）赋值表达式和赋值语句存在区别。

赋值表达式是一种表达式，它可以出现在任何允许表达式出现的地方，而赋值语句则不能。

下面的语句是合法的：

if （（x=y+5）>0）z=x;

此语句的功能：若表达式 x=y+5 大于 0 则 z=x。

下面的语句是非法的：

if （（x=y+5；）>0）z=x;

语句不能出现在表达式中。

3.3　数据输入与输出

（1）所谓输入 / 输出是以计算机为主体而言的。

（2）本章介绍的是向标准输出设备显示器输出数据的语句。

（3）在 C 语言中，所有的数据输入 / 输出都是由库函数完成的，因此相关语句都是函数调用语句。

（4）在使用 C 语言库函数时，要用预处理命令 include 将有关头文件包括到 C 语言程序文件中。使用标准输入 / 输出库函数时要用到 stdio.h 头文件，因此 C 语言程序文件开头应有以下预处理命令：

#include< stdio.h >

或

#include "stdio.h"

stdio 是 standard input&output 的意思。

（5）考虑到 printf 函数和 scanf 函数使用频繁，系统允许在使用这两个函数时可不加

#include< stdio.h >

或

#include "stdio.h"

3.4 字符数据输入与输出

3.4.1 putchar 函数（字符输出函数）

putchar 函数称为字符输出函数，其功能是在显示器上输出单个字符。

putchar 函数调用的一般形式：

putchar（字符变量）;

例如：

putchar（'A'）;　　　/* 输出字符 A*/

putchar（x）;　　　　/* 输出字符变量 x 的值 */

putchar（'\101'）;　　/* 也是输出字符 A*/

putchar（'\n'）;　　　/* 换行 */

对控制字符 putchar 函数执行控制功能，不在屏幕上显示。使用此函数前必须执行文件包含命令

#include<stdio.h>

或

#include"stdio.h"

【例 3-1】输出单个字符。程序如下。

```c
#include<stdio.h>
int main ( )
{
 char a='B', b='o', c='k';
 putchar（a）;
 putchar（b）;
 putchar（b）;
 putchar（c）;
 putchar（'\t'）;
 putchar（a）;
 putchar（b）;
 putchar（'\n'）;
 putchar（b）;
 putchar（c）;
 return 0;
}
```

3.4.2　getchar 函数（键盘输入函数）

getchar 函数称为键盘输入函数，其功能是通过键盘输入一个字符。

getchar 函数调用的一般形式：

getchar ( );

通常把输入的字符赋给一个字符变量，构成赋值语句。

例如：

char c；

c=getchar ( )；

【例 3–2】输入单个字符。程序如下。

```
#include<stdio.h>
int main ( )
{
  char c；
  printf（"input a character\n"）；
  c=getchar ( )；
  putchar（c）；
  return 0；
}
```

使用 getchar 函数还应注意以下几个问题。

（1）getchar 函数只能接收单个字符，输入数字也按字符处理。输入多于一个字符时，getchar 函数只接收第一个字符。

（2）使用 getchar 函数前必须包含头文件 stdio.h。

例 3–2 程序第 6 行和第 7 行可用下面两行的任意一行代替：

putchar（getchar ( )）；

printf（"%c"，getchar ( )）；

3.5　格式输入与输出

3.5.1　printf 函数（格式输出函数）

printf 函数称为格式输出函数，其关键字最末一个字母 f 即为"格式"（format）之意。其功能是按用户指定的格式把指定的数据显示到显示器屏幕上。前面的例题中已多次使用过这个函数。

1.printf 函数调用的一般形式

printf 函数是一个标准库函数，它的函数原型在头文件 stdio.h 中。但作为一个特例，C 语言不要求在使用 printf 函数之前必须包含 stdio.h 文件。

printf 函数调用的一般形式：

printf（" 格式控制字符串 "，输出表列）；

其中的格式控制字符串用于指定输出格式。格式控制字符串可由格式字符串和（或）非格式字符串组成。格式字符串是以 % 开头的字符串，在 % 后面跟有各种格式字符，以说明输出数据的类型、形式、长度、小数位数等。如：%d 表示按十进制整型输出；%ld 表示按十进制长整型输出；%c 表示按字符型输出。非格式字符串在输出时原样照印，在显示中起提示作用。输出表列中给出了各个输出项，要求格式字符串和各输出项在数量和类型上一一对应。

【例 3-3】程序如下。

```c
#include <stdio.h>
int main ( )
{
  int a=88, b=89;
  printf ( "%d %d\n", a, b ) ;
  printf ( "%d, %d\n", a, b ) ;
  printf ( "%c, %c\n", a, b ) ;
  printf ( "a=%d, b=%d", a, b ) ;
  return 0;
}
```

此程序 4 次输出了 a 和 b 的值，但由于格式控制字符串不同，输出的结果也不同。此程序第 5 行的 printf 函数的格式控制字符串中，两格式字符串之间加了一个空格（非格式字符），所以输出的 a 和 b 的值之间有一个空格。此程序第 6 行的 printf 函数的格式控制字符串中两格式字符串间加入的是非格式字符逗号，所以输出的 a 和 b 的值之间加了一个逗号。此程序第 7 行的格式字符串要求按字符型输出 a 和 b 的值。此程序第 8 行为了提示输出结果在格式控制字符串中增加了非格式字符串。

2.printf 函数的格式字符串

printf 函数的格式字符串的一般形式：

%[标志][输出最小宽度][. 精度][长度] 类型

其中方括号 [] 中的项为可选项。

各项的意义如下。

（1）类型：类型格式符用以表示输出数据的类型，printf 函数格式字符串的类型格式符及其意义见表 3-1。

表 3-1　printf 函数格式字符串的类型格式符及其意义

类型格式符	意义
d	以十进制形式输出带符号整常数（正数不输出符号）
o	以八进制形式输出无符号整常数（不输出前缀 0）
x，X	以十六进制形式输出无符号整常数（不输出前缀 0x）
u	以十进制形式输出无符号整常数
f	以小数形式输出实数

表 3-1（续）

类型格式符	意义
e, E	以指数形式输出实数
g, G	以 %f 或 %e 中较短的输出宽度输出实数
c	输出单个字符
s	输出字符串

（2）标志：printf 函数格式字符串的标志符及其意义见表 3-2。

表 3-2　printf 函数格式字符串的标志符及其意义

标志符	意义
-	结果左对齐，右边填空格
+	输出符号（正号或负号）
空格	输出值为正时冠以空格，为负时冠以负号
#	对 c、s、d、u 类型无影响；对 o 类型，在输出时加前缀 0；对 x 类型，在输出时加前缀 0x；对 e、g、f 类型，当结果有小数时才给出小数点

（3）输出最小宽度：用十进制整数来表示输出的最少位数。若实际位数多于定义的宽度，则按实际位数输出；若实际位数少于定义的宽度，则补以空格或 0。

（4）精度：精度格式符以 "." 开头，后跟十进制整数。其意义：如果输出的是数字，则表示小数的位数；如果输出的是字符，则表示输出的字符的个数。若实际位数大于所定义的精度数，则截去超过的部分。

（5）长度：长度格式符有 h 和 l 两种，h 表示按短整型量输出，l 表示按长整型量输出。

【例 3-4】程序如下。

```c
#include <stdio.h>
int main ()
{
  int a=15;
  float b=123.1234567;
  double c=12345678.1234567;
  char d='p';
  printf ("a=%d, %5d, %o, %x\n", a, a, a, a);
  printf ("b=%f, %lf, %5.4lf, %e\n", b, b, b, b);
  printf ("c=%lf, %f, %8.4lf\n", c, c, c);
  printf ("d=%c, %8c\n", d, d);
  return 0;
}
```

此程序第 8 行以 4 种格式输出整型量 a 的值，其中 %5d 要求输出最小宽度为 5，而 a 值为 15，只有两位，故补 3 个空格。此程序第 9 行以 4 种格式输出实型量 b 的值，其中 %f 和 %lf 的输出相同，说明长度格式符 l 对 f 类型无影响；%5.4lf 指定输出最小宽度为 5，精度为 4，由于 b 实际长度超过 5，故应该按实际位数输出，小数位数超过 4 位的部分被截去。

此程序第 10 行输出双精度型实型变量 c 的值，%8.4lf 指定精度为 4，故截去了小数位数超过 4 位的部分。此程序第 11 行输出字符量 d，%8c 指定输出宽度为 8，故在输出字符 p 之前补加 7 个空格。

使用 printf 函数时还要注意一个问题，那就是输出表列中的求值顺序。其在不同的编译系统不一定相同，可以从左到右，也可以从右到左。Visual C++ 6.0 中 printf 函数的输出表列中求值的顺序是从右到左。

【例 3-5】程序如下。

```c
#include <stdio.h>
int main ( )
{
  int i=8;
  printf ( "%d\n%d\n%d\n%d\n%d\n%d\n", ++i, --i, i++, i--, -i++, -i-- );
  return 0;
}
```

【例 3-6】程序如下。

```c
#include <stdio.h>
int main ( )
{
  int i=8;
  printf ( "%d\n", ++i );
  printf ( "%d\n", --i );
  printf ( "%d\n", i++ );
  printf ( "%d\n", i-- );
  printf ( "%d\n", -i++ );
  printf ( "%d\n", -i-- );
  return 0;
}
```

例 3-5 和例 3-6 中的程序的区别是调用 printf 函数的次数。二者的结果是不同的。这是为什么呢？printf 函数的输出表列中求值的顺序是从右到左。在例 3-5 中的程序中，先对最后一项 -i-- 求值，结果为 -8，然后 i 自减 1（为 7）；再对 -i++ 项求值得 -7，然后 i 自增 1（为 8）；再对 i-- 项求值得 8，然后 i 再自减 1（为 7）；再求 i++ 项得 7，然后 i 再自增 1（为 8）；再求 --i 项，i 先自减 1 后输出，输出值为 7；最后才求输出表列的第一项 ++i，此时 i 自增 1 后输出 8。

必须注意的是，求值顺序虽是从右到左，但输出顺序还是从左到右。

3.5.2 scanf 函数（格式输入函数）

scanf 函数称为格式输入函数，其功能是按用户指定的格式通过键盘把数据赋给指定的变量。

1.scanf 函数调用的一般形式

scanf 函数是一个标准库函数，它的函数原型在头文件 stdio.h 中，与 printf 函数相同，C 语言也允许在使用 scanf 函数之前不必包含 stdio.h 文件。

scanf 函数调用的一般形式：

scanf（" 格式控制字符串 "，地址表列）；

其中的格式控制字符串的作用与 printf 函数中的格式控制字符串的作用相同，但不能显示非格式字符串，也就是不能显示提示字符串。地址表列中给出各变量的地址，由地址运算符 & 后跟变量名组成。

例如：&a 和 &b 分别表示变量 a 和变量 b 的地址。这个地址就是 C 语言编译系统在内存中给变量 a 和变量 b 分配的地址。C 语言使用了地址这个概念，这是与其他语言的不同之处。应该把变量的值和变量的地址这两个不同的概念区别开来。变量的地址是由 C 语言编译系统分配的，用户不必关心具体的地址。

变量的地址和变量值的关系如下：在赋值表达式中给变量赋值，如 a=567，则 a 为变量名，567 是变量 a 的值，&a 是变量 a 的地址。

赋值运算符左边是变量名，不能是地址，而 scanf 函数在本质上也是给变量赋值，但要求写变量的地址，如 &a，两者在形式上是不同的。& 是取地址运算符，&a 是一个表达式，其功能是求变量的地址。

【例 3-7】程序如下。

```
#include <stdio.h>
int main ( )
{
  int a，b，c；
  printf（"input a，b，c\n"）；
  scanf（"%d%d%d"，&a，&b，&c）；
  printf（"a=%d，b=%d，c=%d"，a，b，c）；
  return 0；
}
```

此程序中，由于 scanf 函数本身不能显示提示字符串，故先用 printf 函数在屏幕上输出提示，请用户输入 a、b、c 的值。执行 scanf 函数调用语句，则退出 TC 屏幕，进入用户屏幕等待用户输入。用户输入 3 个数后按下回车键，此时，系统又将返回 TC 屏幕。由于在 scanf 函数的格式控制字符串中没有非格式字符在 %d%d%d 之间作为输入时的间隔，因此在输入时要用一个以上的空格或回车键作为每两个输入的数之间的间隔。

例如：

7 8 9

或

7

8

9

2.scanf 函数的格式字符串

scanf 函数的格式字符串的一般形式：

%[*][输入数据宽度][长度] 类型

其中方括号 [] 内的项为任选项。

各项的意义如下。

（1）类型：类型格式符用以表示输入数据的类型，scanf 函数的格式字符串的类型格式符及其意义见表 3-3。

表 3-3 scanf 函数的格式字符串的类型格式符及其意义

类型格式符	意义
d	输入十进制整型数据
o	输入八进制整型数据
x	输入十六进制整型数据
u	输入无符号十进制整型数据
f 或 e	输入实型数据（用小数形式或指数形式）
c	输入单个字符
s	输入字符串

（2）*：用以表示该输入项读入后不赋给相应的变量，即跳过该输入值。

例如：

scanf（"%d %*d %d", &a, &b）；

当输入为"1 2 3"时，1 被赋给 a，2 被跳过，3 被赋给 b。

（3）输入数据宽度：用十进制整数指定输入的宽度（即字符数）。

例如：

scanf（"%5d", &a）；

输入"12345678"，只把 12345 赋给变量 a，其余部分被截去。

又如：

scanf（"%4d%4d", &a, &b）；

输入"12345678"，将把 1234 赋给 a，而把 5678 赋给 b。

（4）长度：长度格式符有 l 和 h 两种，l 表示输入长整型数据（如 %ld）和双精度型数据（如 %lf）。h 表示输入短整型数据。

使用 scanf 函数时还必须注意以下几点。

（1）scanf 函数中没有精度控制。例如，下面的语句是非法的。

scanf（"%5.2f", &a）；

不能企图用此语句输入小数位数为 2 的实数。

（2）scanf 函数要求给出变量地址，如给出变量名则会出错。例如，下面的语句是非法的。

scanf（"%d", a）；

应改为

scanf（"%d", &a）；

（3）在输入多个数值数据时，若格式控制字符串中没有非格式字符做输入数据之间的间隔则可用空格、TAB 或回车作为间隔。C 语言编译系统在碰到空格、TAB、回车或非法数据（如对 "%d" 输入 "12A" 时，A 即为非法数据）时即认为该数据结束。

（4）在输入字符数据时，若格式控制字符串中无非格式字符，则认为所有输入的字符均为有效字符。例如：

scanf（"%c%c%c", &a, &b, &c）;

若输入为 "d e f" 则把 'd' 赋给 a，" 赋给 b，'e' 赋给 c。

只有当输入为 "def" 时，才能把 'd' 赋给 a，'e' 赋给 b，'f' 赋给 c。如果在格式控制字符串中加入空格作为间隔，如：

scanf（"%c %c %c", &a, &b, &c）;

则输入时各数据之间可加空格。

【例 3-8】程序如下。

```c
#include <stdio.h>
int main ()
{
    char a, b;
    printf ("input character a, b\n");
    scanf ("%c%c", &a, &b);
    printf ("%c%c\n", a, b);
    return 0;
}
```

由于 scanf 函数的格式控制字符串 %c%c 中没有空格，故若输入 "M N"，则输出只有 "M"；而当输入改为 "MN" 时，则可输出 "MN"。

【例 3-9】程序如下。

```c
#include <stdio.h>
int main ()
{
    char a, b;
    printf ("input character a, b\n");
    scanf ("%c %c", &a, &b);
    printf ("\n%c%c\n", a, b);
    return 0;
}
```

此程序说明 scanf 函数的格式控制字符串中有空格时，输入的数据之间可以有空格间隔。

（5）如果格式控制字符串中有非格式字符，则输入时也要输入该非格式字符。例如：

scanf（"%d, %d, %d", &a, &b, &c）;

其格式控制字符串中用非格式字符","作间隔符，故输入应为

5，6，7

又如：

scanf（"a=%d, b=%d, c=%d", &a, &b, &c）；

输入应为

a=5, b=6, c=7

（6）输入与输出的数据类型不一致时，虽然编译能够通过，但结果将不正确。

【例 3-10】程序如下。

```
#include <stdio.h>
int main ()
{
  int a;
  printf ("input a number\n");
  scanf ("%d", &a);
  printf ("%ld", a);
  return 0;
}
```

由于输入数据为整型量，而输出语句的格式控制字符串指定输出数据的数据类型为长整型，因此输出数据和输入数据不符。

【例 3-11】对例 3-10 中程序进行修改，程序如下。

```
#include <stdio.h>
int main ()
{
  long a;
  printf ("input a long integer\n");
  scanf ("%ld", &a);
  printf ("%ld", a);
  return 0;
}
```

运行结果：

input a long integer

1234567890

1234567890

当输入数据改为长整型后，输入数据与输出数据相等。

【例 3-12】程序如下。

```
#include <stdio.h>
int main ()
{
```

```
    char a, b, c;
    printf（"input character a, b, c\n"）;
    scanf（"%c %c %c", &a, &b, &c）;
    printf（"%d, %d, %d\n%c, %c, %c\n", a, b, c, a-32, b-32, c-32）;
    return 0;
}
```

此程序功能为输入三个小写字母，输出其 ASCII 码和对应的大写字母。

【例 3-13】输出各种数据类型的字节长度。程序如下。

```
#include <stdio.h>
int main（）
{
    int a;
    long b;
    float f;
    double d;
    char c;
    printf（"\nint: %d\nlong: %d\nfloat: %d\ndouble: %d\nchar: %d\n", sizeof（a）, sizeof（b）,
sizeof（f）, siz eof（d）, sizeof（c））;
    return 0;
}
```

3.6 顺序结构程序设计举例

从程序流程的角度来看，程序有三种基本结构，即顺序结构、选择结构、循环结构。这三种基本结构可以组成所有的复杂程序。C 语言提供了多种语句来实现这些程序结构。

【例 3-14】输入三角形的三边长，求三角形的面积。

已知三角形的三边长 a、b、c，则该三角形的面积为

$$area = \sqrt{s(s-a)(s-b)(s-c)}$$

式中，s=（a+b+c）/2。

程序如下。

```
#include<math.h>
#include <stdio.h>
int main（）
{
    float a, b, c, s, area;
    scanf（"%f, %f, %f", &a, &b, &c）;
    s=1.0/2*（a+b+c）;
```

```
area=sqrt（s*（s-a）*（s-b）*（s-c））；
printf（"a=%7.2f, b=%7.2f, c=%7.2f, s=%7.2f\n", a, b, c, s）；
printf（"area=%7.2f\n", area）；
return 0；
}
```

【例 3-15】求 $ax^2+bx+c=0$ 方程的根，a、b、c 通过键盘输入，设 $b^2-4ac>0$。程序如下。

```
#include<math.h>
#include <stdio.h>
int main（）
{
float a, b, c, disc, x1, x2, p, q；
scanf（"a=%f, b=%f, c=%f", &a, &b, &c）；
disc=b*b-4*a*c；
p=-b/（2*a）；
q=sqrt（disc）/（2*a）；
x1=p+q；
x2=p-q；
printf（"\nx1=%5.2f\nx2=%5.2f\n", x1, x2）；
return 0；
}
```

实验 3 顺序结构程序设计

一、实验目的

1. 掌握 C 语言程序的运行环境 Visual C++ 6.0。
2. 掌握数据的输入和输出方法。
3. 理解 C 语言程序顺序结构的设计方法。

二、实验内容

1. 读下面的程序，写出运行结果，并在 Visual C++ 6.0 中验证运行结果。

（1）计算通过键盘输入的任意两个整数的积。程序如下。

```c
#include <stdio.h>
int main ()
{
  int x, y, s;
  printf ("please input two figures：\n");
  scanf ("x=%d, y=%d", &x, &y);
  s=x*y;
  printf ("s=%d\n", s);
  return 0;
}
```

运行结果：

结果分析：

（2）通过键盘输入三角形的各边，求三角形的面积。若 a、b、c 分别为三角形的三边长，可求出三角形周长的一半 l。程序如下。

```c
#include <stdio.h>
#include <math.h>
int main ()
{
  float a, b, c, s, l;
  printf ("please input the data of a, b, c：\n");
  scanf ("%f%f%f", &a, &b, &c);
```

```
    l=1.0/2*（a+b+c）;
    printf（"l=%f\n", l）;
    s=sqrt（l*（l-a）*（l-b）*（l-c））;
    printf（"s=%f\n", s）;
    return 0;
}
```
运行结果：

结果分析：

（3）程序如下。
```
#include <stdio.h>
int main（）
{
  int i, j, m, n=8;
  i=8;
  j=10;
  m=i++;
  n=--j;
  printf（"adfaf%d, %d, %d, %d", i, j, m, n）;
  return 0;
}
```
运行结果：

结果分析：

（4）程序如下。
```
#include <stdio.h>
int main（）
{
  char c1, c2;
  printf（"please input the letter：\n"）;
  scanf（"%c", &c1）;
  c2=c1+32;
```

```
    printf（"%c, %c\n", c1, c2）;
    return 0;
}
```
运行结果：

结果分析：

（5）程序如下。
```
#include <stdio.h>
int main（）
{
  int a=65, b=66, ilen, clen;
  char c;
  c=（a>b）?a：b;
  a+=2;
  b%=4;
  ilen=sizeof（a）;
  clen=sizeof（c）;
  printf（"%d, %d, %d, %d\n", a, b, ilen, clen）;
  printf（"%c\n", c）;
  return 0;
}
```
运行结果：

结果分析：

（6）程序如下。
```
#include <stdio.h>
int main（）
{
  int x, y, s;
  float a, b, c;
  char i, j, k;
  printf（"please input two figures：\n"）;
```

```
scanf（"%f %f", &a, &b）;
printf（"a=%-8.3f, b=%3.5f\n", a, b）;
printf（"please input two figures：\n"）;
scanf（"x=%d, y=%d", &x, &y）;
printf（"x=%d,    y=%d\n", x, y）;
s=x*y;
printf（"s=%d\n", s）;
getchar（）;
printf（"please input two figures：\n"）;
scanf（"i=%c, %c", &i, &j）;
printf（"i=%c, j=%c\n", i, j）;
return 0;
}
```

运行结果：

结果分析：

2. 程序设计。

（1）输入一个摄氏温度数值 c，要求输出华氏温度数值 f。二者的转换公式为 f=5/9*c+32。

（2）通过键盘输入圆的半径，求圆的周长和面积。输出时要求有文字说明，并取小数点后 4 位进行输出。

（3）鸡兔同笼，已知鸡兔总头数为 h（设为 30），总脚数为 f（设为 90），求鸡兔各有多少只。

（4）输入一个三位正整数，然后反向输出，如输入 123，则输出 321。

三、思考题

1. 如何获得任意数的每一位的值？

2. 如何将小写字母转为大写字母？

3. 在求三角形的面积的程序里，如果将 l=1.0/2*（a+b+c）换成 l=1/2*（a+b+c）会对结果造成什么影响？试分析原因。

4. 如果在程序中变量的定义写在变量的使用后，编译时会出现什么错误？结合 C 语言程序顺序结构的执行特点进行分析。

四、实验报告

1. 整理实验程序，对程序的运行结果进行分析。

2. 总结顺序结构程序的设计方法。

第4章　选择结构程序设计

4.1　关系运算符和关系表达式

在程序中经常需要对两个量进行比较，以决定程序下一步的动作。比较两个量的运算符称为关系运算符。

4.1.1　关系运算符

在 C 语言中有 6 种关系运算符，见表 4–1。

表 4–1　C 语言关系运算符

符号	说明
<	小于
<=	小于或等于
>	大于
>=	大于或等于
==	等于
!=	不等于

关系运算符都是双目运算符，其结合性均为左结合性。关系运算符的优先级低于算术运算符，高于赋值运算符。在 6 种关系运算符中，<、<=、>、>= 的优先级相同，高于 == 和 !=，== 和 != 的优先级相同。

4.1.2　关系表达式

关系表达式的一般形式：

表达式　关系运算符　表达式

例如：

a+b>c-d

x>3/2

'a'+1<c

-i-5*j==k+1

都是合法的关系表达式。由于表达式可以是关系表达式，因此允许出现嵌套的情况。例如：

a>（b>c）

a!=（c==d）

关系表达式的值只有"真"和"假"两种，分别用 1 和 0 表示。如：5>0 的值为"真"，即为 1；（a=3）>（b=5），由于 3>5 不成立，故其值为"假"，即为 0。

【例 4–1】程序如下。

```
#include <stdio.h>
int main ( )
{
  char c='k';
  int i=1，j=2，k=3;
  float x=3e+5，y=0.85;
  printf（"%d，%d\n"，'a'+5<c，–i–2*j>=k+1）;
  printf（"%d，%d\n"，1<j<5，x–5.25<=x+y）;
  printf（"%d，%d\n"，i+j+k==–2*j，k==j==i+5）;
  return 0;
}
```

此程序中求出了各种关系表达式的值。字符变量是以它对应的 ASCII 码参与运算的。对于含多个关系运算符的表达式，要根据运算符的优先级和结合性确定运算顺序，如对于 k==j==i+5，先计算 k==j，该式不成立，其值为 0，再计算 0==i+5，该式也不成立，故表达式值为 0。

4.2　逻辑运算符和逻辑表达式

4.2.1　逻辑运算符

C 语言中有 3 种逻辑运算符，见表 4–2。

表 4–2　C 语言逻辑运算符

符号	说明
&&	与运算
‖	或运算
!	非运算

&& 和‖均为双目运算符，具有左结合性；! 为单目运算符，具有右结合性。逻辑运算符和其他运算符优先级关系如图 4–1 所示。

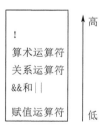

图 4–1　逻辑运算符和其他运算符优先级关系

按照运算符的优先顺序可以得出：a>b && c>d 等价于（a>b）&&（c>d）；!b==c||d<a 等价于（（!b）==c）||（d<a）；a+b>c&&x+y<b 等价于（（a+b）>c）&&（（x+y）<b）。

逻辑运算的值也只有"真"和"假"两种，分别用 1 和 0 表示。其求值规则如下。

（1）对于与运算（&&），参与运算的两个量都为"真"时，结果才为"真"，否则结果为"假"。

例如：对于 5>0&&4>2，由于 5>0 为"真"，4>2 也为"真"，结果也为"真"。

（2）对于或运算（||），参与运算的两个量只要有一个为"真"，结果就为"真"；参与运算的两个量都为"假"时，结果为"假"。

例如：对于 5>0||5>8，由于 5>0 为"真"，结果也就为"真"。

（3）对于非运算（!），参与运算的量为"真"时，结果为"假"；参与运算的量为"假"时，结果为"真"。

例如：!（5>0）结果为"假"。

虽然 C 语言编译系统在给出逻辑运算值时，以 1 代表"真"，0 代表"假"，但在判断一个量是为"真"还是为"假"时，以 0 代表"假"，以非 0 的数值代表"真"。例如：由于 5 和 3 均为非 0 的数值，因此 5&&3 的值为"真"，即为 1。又如：5||0 的值为"真"，即为 1。

4.2.2 逻辑表达式

逻辑表达式的一般形式：

表达式　逻辑运算符　表达式

其中的表达式可以是逻辑表达式，从而形成嵌套的情形。

例如：（a&&b）&&c 根据逻辑运算符的左结合性，也可写为 a&&b&&c。

逻辑表达式的值是式中各种逻辑运算的最后值，以 1 和 0 分别代表"真"和"假"。

【例 4-2】程序如下。

```
#include <stdio.h>
int main（）
{
    char c='k';
    int i=1，j=2，k=3;
    float x=3e+5，y=0.85;
    printf（"%d，%d\n"，!x*!y，!!!x）;
    printf（"%d，%d\n"，x||i&&j-3，i<j&&x<y）;
    printf（"%d，%d\n"，i==5&&c&&（j=8），x+y||i+j+k）;
    return 0;
}
```

此程序中 !x 和 !y 的值均为 0，!x*!y 的值也为 0，故其输出值为 0。由于 x 的值为非 0，故 !!!x 的值为 0。对于 x||i&&j-3，先计算 j-3 的值，为非 0，再求 i&&j-3 的值，为 1，故 x||i&&j-3 的值为 1。对于 i<j&&x<y，由于 i<j 的值为 1，而 x<y 的值为 0，故表达式的值为

1 和 0 相与，最后为 0，对于 i==5&&c&&（j=8），由于 i==5 为"假"，即值为 0，该表达式由两个与运算组成，所以整个表达式的值为 0。对于式 x+y||i+j+k，由于 x+y 的值为非 0，故整个或运算表达式的值为 1。

4.3　if　语　句

用 if 语句可以构成选择结构。if 语句根据给定的条件进行判断，以决定执行某个分支程序段。

4.3.1　if 语句的三种形式

C 语言的 if 语句有三种形式。

1. 基本形式（if 语句）

if 语句的一般形式：

if（表达式）语句；

其语义是：如果表达式的值为"真"，则执行其后的语句，否则不执行该语句。

if 语句执行过程如图 4-2 所示。

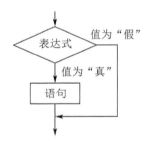

图 4-2　if 语句执行过程

【例 4-3】输入两个整数，输出其中较大的数。程序如下。

```c
#include <stdio.h>
int main()
{
    int a, b, max;
    printf("\n input two numbers: ");
    scanf("%d%d", &a, &b);
    max=a;
    if(max<b) max=b;
    printf("max=%d", max);
    return 0;
}
```

此程序中，输入两个数 a、b，把 a 先赋给变量 max，再用 if 语句比较 max 和 b 的大小，如 max 小于 b，则把 b 赋给 max，最后输出 max 的值。

2. 第二种形式（if-else 语句）

if-else 语句的一般形式：

if（**表达式**）

    语句 1；

else

    语句 2；

其语义是：如果表达式的值为"真"，则执行语句 1，否则执行语句 2。

if-else 语句执行过程如图 4-3 所示。

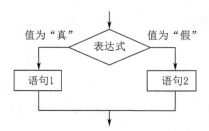

图 4-3　if-else 语句执行过程

【例 4-4】用 if-else 语句对例 4-3 中程序进行改写，改写后程序如下。

```c
#include <stdio.h>
int main ()
{
    int a, b;
    printf ("input two numbers：");
    scanf ("%d%d", &a, &b);
    if (a>b)
        printf ("max=%d\n", a);
    else
        printf ("max=%d\n", b);
    return 0;
}
```

3. 第三种形式（if-else-if 语句）

前两种形式的 if 语句一般都用于有两个分支的情况。当有多个分支时，可采用 if-else-if 语句。

if-else-if 语句的一般形式：

if（**表达式 1**）

    语句 1；

else if（**表达式 2**）

　　　语句 2；
　else if（表达式 3）
　　　语句 3；
　　　……
　else if（表达式 m）
　　　语句 m；
　else
　　　语句 n；

　　其语义是：依次判断表达式的值，当出现某个值为"真"时，则执行其对应的语句，然后跳到整个 if 语句之外继续执行程序；如果所有的表达式的值均为"假"，则执行语句 n，然后继续执行后续程序。

　　if-else-if 语句执行过程如图 4-4 所示。

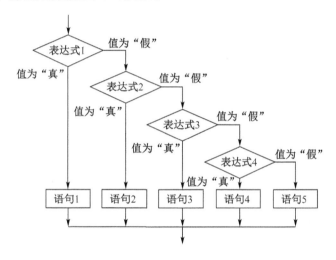

图 4-4　if-else-if 语句执行过程

【例 4-5】程序如下。

```c
#include<stdio.h>
int main ()
{
  char c;
  printf ("input a character: "); c=getchar ();
  if (c<32)
     printf ("This is a control character\n");
  else if (c>='0'&&c<='9')
     printf ("This is a digit\n");
  else if (c>='A'&&c<='Z')
     printf ("This is a capital letter\n");
```

```
else if（c>='a'&&c<='z'）
    printf（"This is a small letter\n"）;
else
    printf（"This is an other character\n"）;
return 0;
}
```

此程序的功能为根据输入字符的 ASCII 码所在的范围判断其类型。

在使用 if 语句时还应注意以下问题。

（1）在三种形式的 if 语句中，在 if 关键字之后均为表达式。该表达式通常是逻辑表达式或关系表达式，但也可以是其他表达式，如赋值表达式等，甚至也可以是一个变量。

例如：

if（a=5）语句；

if（b）语句；

都是允许的，只要表达式的值为非 0，即为"真"。

在

if（a=5）语句；

中表达式的值永远为非 0，所以其后的语句总是要执行的，这种情况在程序中不一定会出现，但在语法上是合法的。又如，有程序段：

```
if（a=b）
    printf（"%d"，a）;
else
    printf（"a=0"）;
```

此程序段的语义是：把 b 的值赋给 a，如为非 0，则输出该值，否则输出字符串。if 语句的这种用法在程序中是经常出现的。

（2）在 if 语句中，用于条件判断的表达式必须用括号括起来，在语句之后必须加分号。

（3）在三种形式的 if 语句中，所有的语句应为单个语句，如果要在满足条件时执行一组（多个）语句，则必须把这一组语句用 {} 括起来组成一个复合语句。但要注意的是在 } 之后不能再加分号。

例如：

```
if（a>b）
    {
    a++;
    b++;
    }
else
    { a=0;
    b=10;
    }
```

4.3.2 if 语句的嵌套

当 if 语句中的执行语句又是 if 语句时，就构成了 if 语句的嵌套。

其一般形式：

if（**表达式**）

    if（**表达式Ⅰ**）**语句Ⅰ**；

或

    if（**表达式**）

    if（**表达式Ⅰ**）**语句Ⅰ**；

    else

    if（**表达式Ⅱ**）**语句Ⅱ**；

在嵌套内的 if 语句可能又是 if-else 语句，这将会出现多个 if 和多个 else 重叠的情况，这时要特别注意 if 和 else 的配对问题。

例如：

```
if（表达式 1）
    if（表达式 2）
        语句 1；
    else
    语句 2；
```

其中的 else 究竟与哪一个 if 配对呢？应该理解为

```
if（表达式 1）
    if（表达式 2）
        语句 1；
    else
        语句 2
```

还是应该理解为

```
if（表达式 1）
    if（表达式 2）
        语句 1；
else
        语句 2；
```

为了避免产生这种疑惑，C 语言规定，else 总是与它前面最近的 if 配对，因此对上述例子应按前一种情况理解。

【例 4-6】比较两个数的大小关系。程序如下。

```
#include <stdio.h>
int main ( )
{
  int a，b；
  printf（"please input A，B："）；
```

```
    scanf（"%d%d", &a, &b）;
    if（a!=b）
      if（a>b）
        printf（"A>B\n"）;
      else
        printf（"A<B\n"）;
    else
      printf（"A=B\n"）;
    return 0;
}
```

此程序中采用了 if 语句的嵌套结构。这样做实质上是为了进行多分支选择。这种问题用 if-else-if 语句也可以解决，而且程序更加清晰。因此，在一般情况下较少使用 if 语句的嵌套，以使程序更便于阅读理解。

【例 4-7】程序如下。

```
#include <stdio.h>
int main（）
{
  int a, b;
  printf（"please input A, B: "）;
  scanf（"%d%d", &a, &b）;
  if（a==b）
    printf（"A=B\n"）;
  else if（a>b）
    printf（"A>B\n"）;
  else
    printf（"A<B\n"）;
}
```

4.3.3　条件运算符和条件表达式

如果在条件语句中，只执行单个的赋值语句时，常可使用条件表达式来实现，这样做不但使程序更简洁，也提高了运行效率。

条件运算符由 ? 和 : 组成，它是一个三目运算符，即有三个参与运算的量。

条件表达式的一般形式：

表达式 1? 表达式 2：表达式 3

其求值规则为：如果表达式 1 的值为"真"，则以表达式 2 的值作为条件表达式的值，否则以表达式 3 的值作为条件表达式的值。

条件表达式通常用于赋值语句之中。

例如：

if（a>b） max=a； else max=b；

可用条件表达式改写：

max=（a>b）?a： b；

该语句的语义是：如 a>b 为"真"，则把 a 赋给 max，否则把 b 赋给 max。

使用条件表达式时，还应注意以下几点。

（1）条件运算符的优先级低于关系运算符和算术运算符，但高于赋值运算符。因此 max=（a>b）?a： b 可以去掉括号写为 max=a>b?a： b。

（2）条件运算符 ? 和：是一对运算符，不能分开单独使用。

（3）条件运算符的结合方向是自右至左。例如：a>b?a： c>d?c： d 应理解为 a>b?a：（c>d? c： d）。这也就是条件表达式嵌套的情形，即其中的表达式 3 又是一个条件表达式。

【例 4-8】用条件表达式对例 4-4 中程序进行改写，改写后程序的功能为输出两个数中的大数。改写后程序如下。

```c
#include <stdio.h>
int main（）
{
 int a， b， max；
 printf（"\n input two numbers： "）；
 scanf（"%d%d"， &a， &b）；
 printf（"max=%d"， a>b?a： b）；
 return 0；
}
```

实验 4　选择结构程序设计（1）

一、实验目的

1. 熟练掌握 if 语句的用法。
2. 熟练掌握 if 语句的嵌套。

二、实验内容

1. 读下面的程序，写出运行结果，并在 Visual C++ 6.0 中验证运行结果。

（1）输入两个整数 a 和 b，按代数值从小到大的顺序排序后输出这两个数。程序如下。

```c
#include <stdio.h>
int main（　）
{
  int a，b，t；
  scanf（"%d，%d"，&a，&b）；
  if（a>b）
  {
    t=a；
    a=b；
    b=t；
  }
  printf（"%d，%d\n"，a，b）；
  return 0；
}
```

运行结果：

结果分析：

（2）程序如下。

```c
#include<stdio.h>
int main（　）
{
  int s，a=3，b=4；
  s=a；
```

```
if（a<b）
    s=b;
  s*=s;
  printf（"%d\n", s）;
  return 0;
}
```

运行结果：

结果分析：

（3）程序如下。

```
#include <stdio.h>
int main（ ）
{
  int a=0, b=0, c=0;
  if（++a>0||++b>0）
    ++c;
  printf（"a=%d, b=%d, c=%d\n", a, b, c）;
  return 0;
}
```

运行结果：

结果分析：

如果将程序中 if 语句的用于条件判断的表达式换成 ++a>0&&++b>0，会给输出结果带来什么不同？

运行结果：

结果分析：

（4）根据变量值的不同，输出不同的值。程序如下。

```
#include <stdio.h>
```

```
int main（ ）
{
  int x=30，y=150；
  if（x>20||x<-10）
    if（y<=100&&y>x）
      printf（"Good"）；
    else
      printf（"Bad"）；
  return 0；
}
```
运行结果：

结果分析：

（5）输入任一字符，若它是大写字母，把它转换为小写字母输出；若它是小写字母，把它转换为大写字母输出；其他字符保持不变输出。程序如下。
```
#include <stdio.h>
int main（ ）
{
  char ch；
  scanf（"%c"，&ch）；
  ch=（ch>='A' && ch<='Z'）？（ch+32）：ch；
  printf（"%c\n"，ch）；
  return 0；
}
```
运行结果：

结果分析：

（6）程序如下。
```
#include <stdio.h>
int main ()
{
    float x，y；
```

```
        printf（"input x："）；
        scanf（"%f"，&x）；
        if（x>=10）
            y=2*x+3；
        else if（x>=0）
            y=4*x；
        else
            y=5*x-6；
        printf（"y=%.2f\n"，y）；
    }
```

运行结果：

结果分析：

2. 程序设计。

（1）输入一个正整数，判断其是否能被 3 和 7 同时整除，如果能，输出"YES"；否则输出"NO"。

（2）输入 a、b、c 三个数，打印出最大者。

（3）计算函数 $y=\begin{cases} x & (x<1) \\ 2x-1 & (1\leqslant x<10) \\ 3x-11 & (10\leqslant x) \end{cases}$ 。

三、思考题

1. 三种 if 语句的区别及适用场合。
2. 关系表达式和逻辑表达式的适用场合。

四、实验报告

1. 分析整理程序运行结果，完成实验报告，要求报告书写字迹清晰、格式规范。
2. 根据思考题在程序上进行修改验证，分析原因。

实验 5　选择结构程序设计（2）

一、知识链接——switch 语句

C 语言还提供了另一种用于多分支选择的语句——switch 语句。

switch 语句的一般形式：

switch（表达式）

{

　case 常量表达式 **1**：语句 **1**；

　case 常量表达式 **2**：语句 **2**；

　……

　case 常量表达式 **n**：语句 **n**；

　default：语句 **n+1**；

}

其语义是：计算表达式的值并逐个与其后的常量表达式的值相比较，当表达式的值与某个常量表达式的值相等时，即执行此常量表达式后的语句，然后不再进行比较，继续执行后面所有的语句。当表达式的值与所有常量表达式的值均不相同时，则执行 default 后的语句。

例如：

```
#include <stdio.h>
int main ()
{
int a;
printf（"input integer number："）；
scanf（"%d", &a）；
switch（a）
{
 case 1：printf（"Monday\n"）；
 case 2：printf（"Tuesday\n"）；
 case 3：printf（"Wednesday\n"）；
 case 4：printf（"Thursday\n"）；
 case 5：printf（"Friday\n"）；
 case 6：printf（"Saturday\n"）；
 case 7：printf（"Sunday\n"）；
 default：printf（"error\n"）；
}
```

```
return 0;
}
```

可以看出，此程序的目的功能是输入一个数字，输出一个英文单词。但是，在输入 3 之后，此程序却执行了 case 3 后的语句以及以后的所有语句，输出了 Wednesday 及以后的所有单词。这当然是不被希望的。为什么会出现这种情况呢？这恰恰反映了 switch 语句的一个特点：在 switch 语句中，"case 常量表达式"只相当于一个语句标号，表达式的值和某标号相等则执行该标号的语句，但不能在执行完该标号的语句后自动跳出整个 switch 语句，所以出现了继续执行后面所有语句的情况。 这是与前面介绍的 if 语句完全不同的，应特别注意。为了避免发生上述情况，C 语言还提供了一种 break 语句，专用于跳出 switch 语句。break 语句只有关键字 break，没有参数。在后面还将对其进行详细介绍。对于上面的程序，在每一 case 语句之后增加 break 语句，使每一次执行语句之后均可跳出 switch 语句，即可避免输出不应的结果。修改后的程序如下。

```c
#include <stdio.h>
int main ( )
{
  int a;
  printf ( "input integer number： " ) ;
  scanf ( "%d", &a ) ;
  switch  （a ）
  {
    case 1： printf ( "Monday\n" ) ; break;
    case 2： printf ( "Tuesday\n" ) ; break;
    case 3： printf ( "Wednesday\n" ) ; break;
    case 4： printf ( "Thursday\n" ) ; break;
    case 5： printf ( "Friday\n" ) ; break;
    case 6： printf ( "Saturday\n" ) ; break;
    case 7： printf ( "Sunday\n" ) ; break;
    default： printf ( "error\n" ) ;
  }
  return 0;
}
```

在使用 switch 语句时还应注意以下几点。

（1）各 case 后的常量表达式的值不能相同，否则会出现错误。

（2）case 后允许有多个语句，可以不用 {} 括起来。

（3）各 case 语句和 default 语句的先后顺序可以变动，不会影响程序执行结果。

（4）default 语句可以省略不用。

二、实验内容

1.输入程序并运行，调试改错，给出运行结果。程序如下。

```c
#include <stdio.h>
int main ()
{
  int a, b, c, u, v, w; u=v=w=0;
  a=-1, b=3, c=3;
  if (c>0)
    u=a+b;
  if (a<=0)
    {
  if (b>0)
  if (c<=0)  v=a-b;
    }
  else
  if (c>0)
    v=a-b;
  else
    w=c;
  printf ("output: u=%d, v=%d, w=%d", u, v, w);
  return 0;
}
```

运行结果：

2.程序设计。

（1）输入一个三位数，求出这个数的各位数字并输出。用scanf函数输入x值，输出y值。

（2）输入三个整数 a、b、c，输出其中最大的数。（用 if 语句的嵌套实现）

（3）将输入的三个数按从小到大的顺序排列出来。（用 if 语句的嵌套实现）

（4）简单的计算器程序：通过键盘输入操作数和运算符，完成基本的运算。

（5）输入一个字符，判断其是字母、数字还是特殊字符，并输出相应的判断结果。

（6）输入一个位数不大于 5 的正整数，检测出它是几位数，并逆序打印出各位数字。

三、思考题

switch 语句的适用场合及与 if-else-if 语句的区别。

四、实验报告

1.分析整理程序运行结果，完成实验报告，要求报告书写字迹清晰、格式规范。

2.总结选择结构程序设计的基本思路。

第 5 章　循环结构程序设计

循环结构是 C 语言程序中一种很重要的结构，其特点是在给定的条件成立时，反复执行某程序段，直到条件不成立为止。给定的条件称为循环条件，反复执行的程序段称为循环体。C 语言提供了多种循环语句，可以组成各种不同形式的循环结构。

5.1　while　语　句

while 语句的一般形式：

while（表达式）语句；

其中的表达式是循环条件，语句为循环体。

while 语句的语义是：计算表达式的值，当表达式的值为"真"（非 0）时，执行语句。while 语句执行过程如图 5-1 所示。

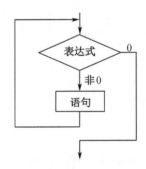

图 5-1　while 语句执行过程

【例 5-1】用 while 语句编写程序求 1+2+…+100。

例 5-1 算法的流程图和 N-S 流程图如图 5-2 和图 5-3 所示。

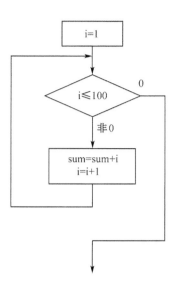

图 5-2 例 5-1 算法的流程图

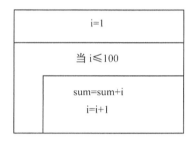

图 5-3 例 5-1 算法的 N-S 流程图

程序如下。

```c
#include <stdio.h>
int main ( )
{
 int i, sum=0; i=1;
 while（i<=100）
   {
     sum=sum+i;
     i++;
   }
 printf（"%d\n", sum）;
 return 0;
}
```

【例 5-2】统计通过键盘输入的一行字符的个数。程序如下。

```c
#include <stdio.h>
```

```
int main ()
{
    int n=0;
    printf ("input a string: \n");
    while (getchar ()!='\n') n++;
    printf ("%d", n);
    return 0;
}
```

此程序中的循环条件为 getchar ()!='\n'，其语义是：只要通过键盘输入的字符不是回车就继续循环。循环体完成对输入字符个数的计数。

使用 while 语句时应注意以下几点。

（1）while 语句中的表达式一般是关系表达式或逻辑表达式，只要表达式的值为"真"（非 0），即可继续循环。

【例 5-3】程序如下。

```
#include <stdio.h>
int main ()
{
    int a=0, n;
    printf ("\n input n: ");
    scanf ("%d", &n);
    while (n--)
        printf ("%d", a++*2);
    return 0;
}
```

此程序将执行 n 次循环，每执行一次循环，n 值减 1。循环体输出表达式 a++*2 的值。该表达式等效于

a*2；a++

（2）循环体如包括一个以上的语句，则必须用 {} 括起来，组成复合语句。

5.2 do-while 语句

do-while 语句的一般形式：

do

  语句

while（表达式）；

do-while 语句构成的循环（简称 do-while 循环）与 while 语句构成的循环（简称 while 循环）的不同在于：先执行循环中的语句，然后再判断表达式是否为"真"，如果为"真"则继续循环，如果为"假"则终止循环。因此，do-while 循环至少要执行一次循环体。

do-while 语句执行过程如图 5-4 所示。

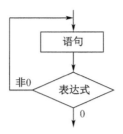

图 5-4　do-while 语句执行过程

【例 5-4 】用 do-while 语句编写程序求 1-2+3-4+5-6+…+n，其中 n 通过键盘输入。例 5-4 算法的流程图和 N-S 流程图如图 5-5 和图 5-6 所示。

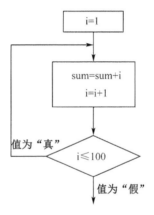

图 5-5　例 5-4 算法的流程图

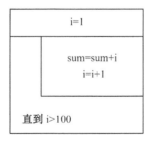

图 5-6　例 5-4 算法的 N-S 流程图

程序如下。

#include <stdio.h>

```
int main ( )
{
  int i, sum=0；i=1；
  do
    {
      sum=sum+i；
      i++；
    }
  while（i<=100）；
  printf（"%d\n", sum）；
  return 0；
}
```

同样，当有许多语句参加循环时，要用 {} 把它们括起来。

【例 5-5】while 循环和 do-while 循环比较。

（1）while 循环程序如下。

```
#include <stdio.h>
int main ( )
{
  int sum=0, i；
  scanf（"%d", &i）；
  while（i<=10）
    {
      sum=sum+i；
      i++；
    }
  printf（"sum=%d", sum）；
  return 0；
}
```

（2）do-while 循环程序如下。

```
#include <stdio.h>
int main ( )
{
  int sum=0, i；
  scanf（"%d", &i）；
  do
    {
      sum=sum+i；
      i++；
```

```
    }
 while（i<=10）;
 printf（"sum=%d"，sum）;
 return 0;
}
```

5.3　for　语　句

C 语言中，for 语句使用最为灵活，它完全可以取代 while 语句。

for 语句的一般形式：

for（**表达式 1**；**表达式 2**；**表达式 3**）**语句**；

for 语句的执行过程如下。

（1）求解表达式 1。

（2）求解表达式 2，若其值为"真"（非 0），则执行 for 语句中指定的内嵌语句，然后执行第（3）步；若其值为"假"（0），则结束循环，转到第（5）步。

（3）求解表达式 3。

（4）转回上面第（2）步继续执行。

（5）循环结束，执行 for 语句下面的一个语句。

for 语句执行过程如图 5-7 所示。

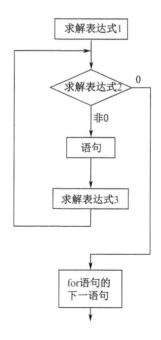

图 5-7　for 语句执行过程

for 语句最简单也最容易理解的应用形式如下：

for（循环控制变量赋初值；循环条件；循环控制变量增量）语句；

循环控制变量赋初值总是一个赋值语句，它用来给循环控制变量赋初值；循环条件是一个关系表达式，它决定什么时候退出循环；循环控制变量增量定义循环控制变量每循环一次后按什么方式变化。

例如：

for（i=1；i<=100；i++）sum=sum+i；

此 for 语句先给 i 赋初值 1，然后判断 i 是否小于或等于 100，若是则执行语句，i 值增加 1，再重新判断 i 是否小于或等于 100，直到判断结果为"假"，即 i>100 时，循环结束。

该 for 语句相当于：

i=1；

while（i<=100）

 {

  sum=sum+i；

  i++；

 }

for 语句的一般形式相当于如下的 while 循环。

表达式 1；

while（表达式 2）

 {

  语句；

  表达式 3；

 }

使用 for 语句时应注意以下几点。

（1）表达式 1（循环控制变量赋初值）、表达式 2（循环条件）和表达式 3（循环控制变量增量）都是选择项，即可以省略，但；不能省略。

（2）省略了表达式 1（循环控制变量赋初值），表示不对循环控制变量赋初值。

（3）省略了表达式 2（循环条件），则不做其他处理时便成为死循环。

例如：

for（i=1；；i++）sum=sum+i；

相当于：

 i=1；

 while（1）

  {

   sum=sum+i；

   i++；

  }

（4）省略了表达式 3（循环控制变量增量），则不对循环控制变量进行操作，这时可在语句中加入修改循环控制变量的语句。

例如：

for（i=1；i<=100；　）

```
{
  sum=sum+i;
  i++;
}
```

（5）省略了表达式1（循环控制变量赋初值）和表达式3（循环控制变量增量），例如：

for（；i<=100；　）

```
{
  sum=sum+i;
  i++;
}
```

相当于

while（i<=100）

```
{
  sum=sum+i;
  i++;
}
```

（6）3个表达式都可以省略。

例如：

for（；；）语句；

相当于

while（1）语句；

（7）表达式1可以是设置循环变量的初值的赋值表达式，也可以是其他表达式。

例如：

for（sum=0；i<=100；i++）sum=sum+i;

（8）表达式1和表达式3可以是简单表达式，也可以是逗号表达式。

例如：

for（sum=0, i=1；i<=100；i++）sum=sum+i;

或

for（i=0, j=100；i<=100；i++, j--）k=i+j;

（9）表达式2一般是关系表达式或逻辑表达式，也可以是数值表达式或字符表达式，只要其值非0，就执行循环体。

例如：

for（i=0；（c=getchar()）!='\n'；i+=c）;

又如：

for（；（c=getchar()）!='\n'；）printf（"%c", c）;

【例5-6】for循环的嵌套。程序如下。

```
#include <stdio.h>
int main ( )
{
 int i, j, k;
 printf ( "i j \n" ) ;
 for ( i=0; i<2; i++ )
   for ( j=0; j<2; j++ )
     for ( k=0; k<2; k++ )
       printf ( "%d %d %d\n", i, j, k ) ;
 return 0;
}
```

对三种循环语句的比较如下。

（1）三种循环语句一般可以互相替代。

（2）while 语句和 do-while 语句循环体中应包括使循环趋于结束的语句。for 语句功能最强。

（3）使用 while 语句和 do-while 语句时，循环控制变量初始化的操作应在 while 语句和 do-while 语句之前完成，而 for 语句可以在表达式 1 中实现循环控制变量的初始化。

5.4 break 语句和 continue 语句

5.4.1 break 语句

break 语句通常用在循环语句和开关语句中。break 语句用于开关语句 switch 中，可使程序跳出 switch 语句而执行 switch 之后的语句。如果没有 break 语句，循环语句可能形成一个死循环而无法退出。break 语句在 switch 语句中的用法已在前面介绍过了，这里不再举例。

break 语句用于循环语句中，可使程序终止循环而执行循环语句后面的语句，通常 break 语句总是与 if 语句连在一起，即满足条件时便跳出循环。

例如：

```
while ( 表达式 1 )
{
 ……
 if ( 表达式 2 ) break;
 ……
}
```

break 语句执行过程如图 5-8 所示。

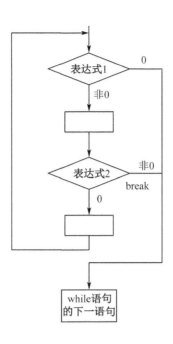

图 5-8　break 语句执行过程

【例 5-7】程序如下。

```
#include <stdio.h>
int main ()
{
    int i=0;
    char c;
    while (1)          /* 设置循环 */
      {
        c='\0';        /* 变量赋初值 */
        while (c!=13&&c!=27)  /* 键盘接收字符直到按回车键或 Esc 键 */
          {
            c=getch ();
            printf ("%c\n", c);
          }
        if (c==27) break; /* 若按 Esc 键则退出循环 */
        i++;
        printf ("The No.is %d\n", i);
      }
    printf ("The end");
    return 0;
}
```

使用 break 语句时应注意以下几点。

（1）break 语句对 if-else 语句不起作用。

（2）在多层循环中，一个 break 语句只向外跳一层。

5.4.2　continue 语句

continue 语句的作用是跳过循环体中剩余的语句而强行执行下一次循环。continue 语句只用在 for 语句、while 语句、do-while 语句的循环体中，常与 if 语句一起使用，用来加速循环。

例如：

while（表达式 1）

{

　……

　if（表达式 2）continue;

　……

}

continue 语句执行过程如图 5-9 示。

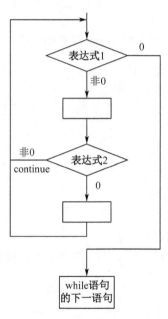

图 5-9　continue 语句执行过程

【例 5-8】程序如下。

```
#include <stdio.h>
int main ( )
{
    char c;
    while（c!=13）   /* 不是回车符则循环 */
      {
        c=getch ( );
        if（c==0X1B）
```

```
        continue; /* 若按 Esc 键不输出便进行下次循环 */
    printf（"%c\n"，c）；
    }
    return 0；
}
```

5.5　程　序　举　例

【例 5–9】判断 m 是否为素数。例 5–9 算法的 N–S 流程图如图 5–10 所示。程序如下。

```
#include<math.h>
#include <stdio.h>
int main（）
{
    int m，i，k；
    scanf（"%d"，&m）；
    k=sqrt（m）；
    for（i=2；i<=k；i++）
        if（m%i==0）break；
    if（i>=k+1）
        printf（"%d is a prime number\n"，m）；
    else
        printf（"%d is not a prime number\n"，m）；
    return 0；
}
```

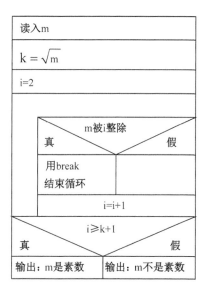

图 5–10　例 5–9 算法的 N–S 流程图

【例 5-10】求 100 至 200 间的全部素数。程序如下。

```c
#include<math.h>
#include <stdio.h>
int main ( )
{
    int m, i, k, n=0;
    for（m=101; m<=200; m=m+2）
      {
          k=sqrt（m）;
          for（i=2; i<=k; i++）
            if（m%i==0）break;
          if（i>=k+1）
            {
                printf（"%d", m）;
                n=n+1;
            }
          if（n%n==0）printf（"\n"）;
      }
    printf（"\n"）;
    return 0;
}
```

【例 5-11】编程求 1 000 以内的所有完全数。

```c
#include<math.h>
#include <stdio.h>
int main ( )
{
 int a, i, m=0, t=0;
 for（a=2; a<=1000; a++）
   {
       for（i=1; i<a; i++）
         if（a%i==0）
       m=m+i;
   }
 if（m==a）
   printf（"%d", a）;
 return 0;
}
```

【例 5-12】输入两个整数，求其最大公约数和最小公倍数。程序如下。

```c
#include<math.h>
#include <stdio.h>
int main ()
{
    int a, b, v, d, t;
    scanf ("%d%d", &a, &b);
    for (v=1; v<=a*b; v++)
      {
          if ((v%a==0) && (v%b==0)) break;
      }
    for (d=a; d>=1; d--)
      {
          if ((a%d==0) && (b%d==0)) break;
      }
    printf ("%d %d", v, d);
    return 0;
}
```

【例 5-13】百马百担问题：有 100 匹马，驮 100 担货，大马驮 3 担，中马驮 2 担，两匹小马驮 1 担，有大中小马各多少？程序如下。

```c
#include<math.h>
#include <stdio.h>
int main ()
{
    int x, y, z;
    printf ("大马 中马 小马 \n");
    for (x=1; x<=17; x++)
      {
          if (((100-5*x)/3)%5==0)
            y= (100-5*x)/3;
          else
            continue;
          z=100-x-y;
          printf ("%d    %d    %d\n", x, y, z);
      }
    return 0;
}
```

实验6　循环结构程序设计（1）

一、实验目的

1. 掌握 while 语句、do-while 语句的执行过程。
2. 使用 while 语句、do-while 语句的编写程序。

二、实验内容

1. 读下面的程序，写出运行结果，并在 Visual C++ 6.0 中验证运行结果。

（1）程序如下。

```
#include <stdio.h>
int main ( )
{
    int n=1, s=0;
    while（n<10）
     {
        s=s+n;
        n++;
     }
    printf（"s=%d, n=%d\n", s, n）;
    return 0;
}
```

运行结果：

结果分析：

（2）分析下面程序中 k 和 n 的最终值。

```
#include<stdio.h>
int main ( )
{
 int n=2, k=0;
 while（k++&&n++>2）
    printf（"%d %d\n", k, n）;
 return 0;
}
```

运行结果：

结果分析：

（3）分析下面程序的输出值。
```c
# include <stdio.h>
int main ( )
{
  int i=5；
  do
   {
     if（i%3==1）
       if（i%5==2）
       {
         printf（"*%d", i）；
         break；
       }
     i++；
   }
  while（i!=0）；
  printf（"\n"）；
  return 0；
}
```
运行结果：

结果分析：

（4）分析下面程序的计算过程，并分析 f 在各阶段的取值。
```c
#include<stdio.h>
int main（  ）
{
  int f, f1, f2, i；
  f1=0；f2=1；
  printf（"%d %d\n", f1, f2）；
```

```
    for（i=3；i<=5；i++）
      {
        f=f1+f2;
        printf（"%d\n",f）;
        f1=f2;
        f2=f;
      }
    return 0;
}
```

运行结果：

结果分析：

（5）用 while 语句编写程序实现对 1−2+3−4+5−6+…+n 的计算，其中 n 通过键盘输入。程序如下。

```
#include <stdio.h>
int main（）
{
  int i=1，n，s=0，f;
  scanf（"%d"，&n）;
  while（i<n）
    {
      if（i%2==0）
        f=−1*i;
      else
        f=i;
      s=s+i;
      i++;
    }
  printf（"%d"，s）;
  return 0;
}
```

2. 编写程序计算 1!+2!+…+n!，其中 n 通过键盘输入。

3. 用 while 语句编写程序，打印出所有的"水仙花数"。所谓"水仙花数"是指各位数字立方和等于该数本身的三位数。例如：$153=1^3+5^3+3^3$，则 153 是"水仙花数"。

4. 编写程序判断以输入的三个数为边长，是否能构成三角形。

5. 编写程序实现将输入的一个正整数逆序输出。例如：输入 1234，输出 3421。

6.输入一行字符，统计其含有的字符个数。

三、思考题

三种循环结构的区别及适用场合。

四、实验报告

1.分析整理运行结果，完成实验报告，要求报告书写字迹清晰、格式规范。

2.总结 while 语句、do-while 语句的用法。

实验 7　循环结构程序设计（2）

一、实验目的

1. 掌握 while 语句、do–while 语句和 for 语句的嵌套用法。
2. 掌握 break 语句和 continue 语句的用法。

二、实验内容

1. 读下面的程序，写出运行结果，并在 Visual C++ 6.0 中验证运行结果。

（1）程序如下。

```
#include <stdio.h>
int main ( )
{
  int i, j, k, x=0;
  for（i=0；i<2；i++）
     {
     x++;
     for（j=0；j<3；j++）
     {
     if（j%2==0）continue;
     x++;
     }
     x++;
     }
k=i+j;
printf（"k=%d, x=%d\n", k, x）;
return 0;
}
```

运行结果：

结果分析：

（2）程序如下。

```
#include <stdio.h>
int main ( )
```

```
{
    int x=1, y;
    for（y=1；y<=50；y++）
      {
          if（x>=10）break；
          if（x%2==1）
            {
                x=x+5；
                continue；
            }
          x=x-3；
      }
    printf（"x=%d, y=%d\n", x, y）；
    return 0；
}
```

运行结果：

结果分析：

（3）使用 while 语句编写程序完成 1~100 所有整数的求和运算。程序如下。

```
#include<stdio.h>
int main（）
{
    int n=1, s=0；
    while（n<=100）
      {
          s=s+n；
          n++；
      }
    printf（"s=%d, n=%d\n", s, n）；
    return 0；
}
```

运行结果：

结果分析：

（4）使用 do-while 语句编写程序求出 100 以内所有奇数的和，并逐个输出奇数。程序如下。

```
#include<stdio.h>
int main（）
{
    int k=100，s=0；
    do
        {
            if（k%2!=0）
                {
                    s+=k；
                    printf（"the odd %d\n"，k）；
                }
        }
    while（k--）；
    printf（"s=%d\n"，s）；
    return 0；
}
```

运行结果：

结果分析：

2. 程序设计。

（1）求 s=a+aa+aaa+aaaa+…的值，其中 a 是一个数字。例如 2+22+222+2222+ 22222（此时共有 5 个数相加），共几个数相加由键盘控制。

（2）求出不超过 n 的所有素数，n 的值通过键盘输入。

（3）分别用 while 语句、do-while 语句和 for 语句编写程序解决问题：有一分数序列 $\frac{2}{1}, \frac{3}{2}, \frac{5}{3}, \frac{8}{5}, \frac{13}{8}, \frac{21}{13}, \cdots$，求这个数列的前 20 项之和。

（4）打印出以下图案。

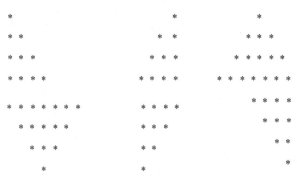

（5）用 continue 语句编写程序，求 n 以内的偶数和，其中 n 通过键盘输入。

（6）使用循环语句的嵌套完成"九九乘法口诀表"。

三、思考题

区分 break 和 continue 的适用场合。

四、实验报告

分析整理程序运行结果，完成实验报告，要求报告书写字迹清晰、格式规范。

第 6 章　数　　组

在程序设计中，为了处理方便会把具有相同类型的若干变量有序地组织起来。按序排列的同类数据元素的集合称为数组。在 C 语言中，数组属于构造数据类型。一个数组可以分解为多个数组元素，这些数组元素可以是基本数据类型或是构造类型。因此按数组元素的类型不同，数组又可分为数值数组、字符数组、指针数组、结构数组等。本章主要介绍数值数组和字符数组，其余的在以后各章陆续介绍。

6.1　一 维 数 组

6.1.1　一维数组的定义

在 C 语言中使用数组必须先进行定义。一维数组定义的一般形式：

类型说明符 数组名 [常量表达式]；

其中，类型说明符是任一种基本数据类型或构造数据类型；数组名是用户定义的数组标识符；方括号中的常量表达式表示数据元素的个数，也称为数组的长度。

例如：

```
int a[10];              /* 说明整型数组 a，有 10 个元素 */
float b[10]，c[20]; /* 说明实型数组 b，有 10 个元素；实型数组 c，有 20 个元素 */
char ch[20];            /* 说明字符数组 ch，有 20 个元素 */
```

对于数组类型的说明应注意以下几点。

（1）数组的类型实际上是指数组元素的取值类型。对于同一个数组，其所有元素的数据类型都是相同的。

（2）数组名的书写规则应符合标识符的书写规定。

（3）数组名不能与其他变量名相同。

例如：

```
main ( )
{
  int a;
  float a[10];
  ……
}
```

这是错误的。

（4）方括号中常量表达式表示数组元素的个数，如 a[5] 表示数组 a 有 5 个元素。但是其下标从 0 开始计算。因此数组 a 的 5 个元素分别为 a[0]，a[1]，a[2]，a[3]，a[4]。

（5）不能在方括号中用变量来表示数组中元素的个数，但是可以用符号常数或常量表达式。下面的说明方式是正确的。

```
#define FD 5
#include <stdio.h>
int main ( )
{
  int a[3+2], b[7+FD];
  ……
  return 0；
}
```

但是下面的说明方式是错误的。

```
#include <stdio.h>
int main ( )
{
  int n=5；int a[n];
  ……
  return 0；
}
```

（6）允许在同一个类型说明中说明多个数组和多个变量。

例如：

int a，b，c，d，k1[10]，k2[20];

6.1.2　一维数组元素的引用

数组元素是组成数组的基本单元。数组元素也是一种变量，其标识方法为数组名后跟一个下标。下标表示了元素在数组中的顺序号。

数组元素的一般形式：

数组名 [下标]

其中，下标只能为整型常量或整型表达式。如为小数时，C 语言编译系统将自动取整。

例如：

a[5]

a[i+j]

a[i++]

都是合法的数组元素。

数组元素通常也被称为下标变量。必须先定义数组才能使用下标变量。在 C 语言中只能逐个地使用下标变量，而不能一次引用整个数组。

例如，输出有 10 个元素的数组必须使用循环语句逐个输出各下标变量。程序段如下。

for（i=0；i<10；i++）

```
printf（"%d", a[i]）；
```
不能用一个语句输出整个数组。对于上面的程序段，下面的语句是错误的。
```
printf（"%d", a）；
```
【例 6-1】程序如下。
```
#include <stdio.h>
int main（）
{
  int i, a[10];
  for（i=0; i<=9; i++）
    a[i]=i;
  for（i=9; i>=0; i--）
    printf（"%d", a[i]）;
  return 0;
}
```
【例 6-2】程序如下。
```
#include <stdio.h>
int main（）
{
  int i, a[10];
  for（i=0; i<10; ）
    a[i++]=i;
  for（i=9; i>=0; i--）
    printf（"%d", a[i]）;
  return 0;
}
```
【例 6-3】程序如下。
```
#include <stdio.h>
int main（）
{
  int i, a[10];
  for（i=0; i<10; ）
  a[i++]=2*i+1;
  for（i=0; i<=9; i++）printf（"%d", a[i]）;
  printf（"\n%d %d\n", a[5.2], a[5.8]）;
  return 0;
}
```
此程序中用一个循环语句给 a 数组各元素送入奇数值，然后用第二个循环语句输出各个奇数。在第一个 for 语句中，表达式 3 被省略了。在下标变量中使用了常量表达式 i++，用以修改循环变量。C 语言允许用变量表达式表示下标。此程序中最后一个 printf 函数输出了两次 a[5] 的值，当下标不为整数时将自动取整。

6.1.3 一维数组的初始化

给数组赋值的方法除了用赋值语句对数组元素逐个赋值外，还可采用初始化赋值和动态赋值的方法。数组初始化赋值是指在定义数组时给数组元素赋初值。数组初始化是在编译阶段进行的。这样做将减少程序运行时间，提高效率。

数组初始化赋值的一般形式：

类型说明符 数组名 [常量表达式]={ 值，值，……，值 }；

其中，在 { } 中的各数据值即为各元素的初值，各值之间用逗号间隔。

例如：

int a[10]={ 0，1，2，3，4，5，6，7，8，9 }；

相当于

a[0]=0；a[1]=1；…；a[9]=9；

C 语言对数组的初始化赋值还有以下几点规定。

（1）可以只给部分元素赋初值。

当 { } 中值的个数少于元素个数时，只给前面部分元素赋值。

例如：

int a[10]={0，1，2，3，4}；

表示只给 a[0] 至 a[4]5 个元素赋值，而后 5 个元素自动赋 0 值。

（2）只能给元素逐个赋值，不能给数组整体赋值。

例如，给 10 个元素全部赋 1 值，只能写为

int a[10]={1，1，1，1，1，1，1，1，1，1}；

而不能写为

int a[10]=1；

（3）如给全部元素赋值，则在数组说明中可以不给出数组元素的个数。

例如：

int a[5]={1，2，3，4，5}；

可写为

int a[]={1，2，3，4，5}；

6.1.4 一维数组程序举例

可以在程序执行过程中对数组动态赋值。这时可用循环语句配合 scanf 函数逐个对数组元素赋值。

【例 6-4】程序如下。

```
#include <stdio.h>
int main ( )
{
```

```
int i, max, a[10];
printf（"input 10 numbers：\n"）;
for（i=0；i<10；i++）
  scanf（"%d"，&a[i]）;
max=a[0];
for（i=1；i<10；i++）
  if（a[i]>max）max=a[i];
printf（"maxmum=%d\n"，max）;
return 0;
}
```

此程序中第一个 for 语句逐个输入 10 个数到数组 a 中，然后把 a[0] 送入 max 中。在第二个 for 语句中，a[1] 到 a[9] 逐个与 max 中的内容比较，若比 max 的值大，则把该下标变量送入 max 中，因此 max 中的内容总是已比较过的下标变量中的最大者。比较结束，输出 max 的值。

【例 6-5】程序如下。

```
#include <stdio.h>
int main（）
{
 int i, j, p, q, s, a[10];
 printf（"\n input 10 numbers：\n"）;
 for（i=0；i<10；i++）
   scanf（"%d"，&a[i]）;
 for（i=0；i<10；i++）
   {
     p=i；q=a[i];
     for（j=i+1；j<10；j++）
       if（q<a[j]）
         {
           p=j;
           q=a[j];
         }
     if（i!=p）
       {
         s=a[i];
         a[i]=a[p];
         a[p]=s;
       }
     printf（"%d"，a[i]）;
```

```
    }
  return 0;
}
```

此程序中用了两个并列的 for 语句，在第二个 for 语句中又嵌套了一个循环语句。第一个 for 语句用于输入 10 个元素的初值。第二个 for 语句用于排序。此程序的排序采用逐个比较的方法进行。在第 i 次循环时，把第一个元素的下标 i 赋给 p，而把该下标变量值 a[i] 赋给 q。然后进入小循环，从 a[i+1] 起到最后一个元素止逐个与 a[i] 比较，有比 a[i] 大者则将其下标赋给 p，元素值赋给 q。一次循环结束后，p 即为最大元素的下标，q 则为该元素值。若此时 i ≠ p，说明 p，q 值均已不是进入小循环之前所赋之值，则交换 a[i] 和 a[p] 之值。此时 a[i] 为已排序完毕的元素。输出该值之后转入下一次循环，对 a[i+1] 及以后各个元素排序。

6.2　二维数组

6.2.1　二维数组的定义

前面介绍的数组只有一个下标，称为一维数组，其数组元素称为单下标变量。在实际问题中有很多量是二维的或多维的，因此 C 语言允许构造多维数组。多维数组元素有多个下标，以标识它在数组中的位置，所以也称多下标变量。下面只介绍二维数组，多维数组相关内容可类推得到。

二维数组定义的一般形式：

类型说明符 数组名 [常量表达式 1][常量表达式 2]；

其中，常量表达式 1 表示第一维下标的长度，常量表达式 2 表示第二维下标的长度。

例如：

int a[3][4]；

说明了一个三行四列的数组，数组名为 a，其下标变量的类型为整型。该数组中的下标变量共有 3*4 个，即：

a[0][0]，a[0][1]，a[0][2]，a[0][3]

a[1][0]，a[1][1]，a[1][2]，a[1][3]

a[2][0]，a[2][1]，a[2][2]，a[2][3]

二维数组在概念上是二维的，也就是说其下标在两个方向上变化，下标变量在数组中的位置也处于一个平面之中，而不是像一维数组那样只是一个向量。但是，实际的硬件存储器却是连续编址的，也就是说存储器单元是按一维线性排列的。在一维存储器中存放二维数组，可有两种方式：一种是按行排列，即放完一行之后顺次放入第二行；另一种是按列排列，即放完一列之后再顺次放入第二列。在 C 语言中，二维数组是按行排列的，即对于上面的数组 a，先存放 a[0] 行，再存放 a[1] 行，最后存放 a[2] 行。每行中四个元素也是依次存放。由于数组 a 为 int 类型，该类型占两个字节的内存空间，所以每个元素均占有两个字节。

6.2.2 二维数组元素的引用

二维数组的元素也称双下标变量，其一般形式：

数组名 [下标][下标]

其中，下标应为整型常量或整型表达式。

例如：

a[3][4]

表示 a 数组三行四列的元素。

下标变量和数组说明在形式上有些相似，但这两者具有完全不同的含义。数组说明的方括号中给出的是某一维的长度，即可取下标的最大值；而数组元素的方括号给出的是该元素在数组中的位置标识。前者只能是常量，后者可以是常量、变量或表达式。

【例 6-6】一个学习小组有 5 个人，每个人有三门课的考试成绩，见表 6-1。编写程序求全组分科的平均成绩和各科总平均成绩。

表 6-1　学习小组成员各科成绩

	张	王	李	赵	周
Math	80	61	59	85	76
C	75	65	63	87	77
Foxpro	92	71	70	90	85

可设一个二维数组 a[5][3] 存放五个人三门课的成绩，再设一个一维数组 v[3] 存放求得的各科平均成绩，设变量 average 为全组各科总平均成绩。程序如下。

```c
#include <stdio.h>
int main ()
{
    int i, j, s=0, average, v[3], a[5][3];
    printf ("input score\n");
    for (i=0; i<3; i++)
    {
        for (j=0; j<5; j++)
        {
            scanf ("%d", &a[j][i]);
            s=s+a[j][i];
        }
        v[i]=s/5;
        s=0;
    }
    average = (v[0]+v[1]+v[2]) /3;
    printf ("math: %d\nc languag: %d\nbase: %d\n", v[0], v[1], v[2]);
```

```
    printf（"total：%d\n", average）;
    return 0;
}
```

此程序中首先用了一个双重循环。在内循环中依次读入某一门课程的各个学生的成绩，并把这些成绩累加起来，退出内循环后再把该累加成绩除以 5 送入 v[i] 之中，这就是该门课程的平均成绩。外循环共循环三次，分别求出三门课各自的平均成绩并存放在数组 v 之中。退出外循环之后，把 v[0]，v[1]，v[2] 相加除以 3 即得到全组各科总平均成绩。最后按题意输出各个成绩。

6.2.3　二维数组的初始化

二维数组的初始化也是在类型说明时给各下标变量赋初值。二维数组可按行分段赋值，也可按行连续赋值。

例如，对数组 a[5][3]，按行分段赋值可写为

int a[5][3]={ {80, 75, 92}, {61, 65, 71}, {59, 63, 70}, {85, 87, 90}, {76, 77, 85} };

按行连续赋值可写为

int a[5][3]={ 80, 75, 92, 61, 65, 71, 59, 63, 70, 85, 87, 90, 76, 77, 85};

两者的结果是完全相同的。

【例 6-7】程序如下。

```
#include <stdio.h>
int main（）
{
  int i, j, s=0, average, v[3];
  int a[5][3]={{80, 75, 92}, {61, 65, 71}, {59, 63, 70}, {85, 87, 90}, {76, 77, 85}};
  for（i=0；i<3；i++）
    {
        for（j=0；j<5；j++）s=s+a[j][i];
        v[i]=s/5；
        s=0；
    }
  average=（v[0]+v[1]+v[2]）/3；
  printf（"math：%d\nc languag：%d\ndFoxpro：%d\n", v[0], v[1], v[2]）;
  printf（"total：%d\n", average）;
  return 0;
}
```

对于二维数组初始化赋值还有以下说明。

（1）可以只对部分元素赋初值，未赋初值的元素自动取 0 值。

例如：

int a[3][3]={{1}, {2}, {3}};

是对每一行的第一列元素赋值，未赋值的元素取 0 值。赋值后各元素的值为

1 0 0

2 0 0

3 0 0

又如：

int a [3][3]={{0，1}，{0，0，2}，{3}};

赋值后各元素的值为

0 1 0

0 0 2

3 0 0

（2）如对全部元素赋初值，则第一维的长度可以不给出。例如：

int a[3][3]={1，2，3，4，5，6，7，8，9};

可以写为

int a[][3]={1，2，3，4，5，6，7，8，9};

（3）数组是一种构造类型的数据。二维数组可以看作由一维数组的嵌套而构成。设一维数组的每个元素都又是一个数组，就组成了二维数组。当然，前提是各元素类型必须相同。根据这样的分析，一个二维数组也可以分解为多个一维数组。C 语言允许这种分解。

例如，二维数组 a[3][4] 可分解为三个一维数组，其数组名分别为 a[0]，a[1]，a[2]。对这三个一维数组不需另作说明即可使用。这三个一维数组都有 4 个元素，例如：一维数组 a[0] 的元素为 a[0][0]，a[0][1]，a[0][2]，a[0][3]。必须强调的是，a[0]，a[1]，a[2] 不能当作下标变量使用，它们是数组名，不是一个单纯的下标变量。

6.3　字符数组

用来存放字符量的数组称为字符数组。

6.3.1　字符数组的定义

字符数组的定义形式与前面介绍的数值数组相同。

例如：

char c[10];

由于字符型和整型通用，也可以定义为

int c[10];

但这时每个数组元素占 2 个字节的内存单元。字符数组也可以是二维或多维数组。

例如：

char c[5][10];

即为二维字符数组。

6.3.2　字符数组的初始化

字符数组也允许在定义时进行初始化赋值。

例如：

char c[10]={'c', ' ', 'p', 'r', 'o', 'g', 'r', 'a', 'm'};

赋值后：c[0] 的值为 'c'，c[1] 的值为 ' '，c[2] 的值为 'p'，c[3] 的值为 'r'，c[4] 的值为 'o'，c[5] 的值为 'g'，c[6] 的值为 'r'，c[7] 的值为 'a'，c[8] 的值为 'm'。c[9] 未赋值，系统自动赋给它 0 值。当对全体元素赋初值时也可以省去长度说明。

例如：

char c[]={'c', ' ', 'p', 'r', 'o', 'g', 'r', 'a', 'm'};

这时数组 c 的长度自动定为 9。

6.3.3　字符数组的引用

【例 6-8】程序如下。

```
#include <stdio.h>
int main ( )
{
 int i, j;
 char a[][5]={{'B', 'A', 'S', 'T', 'C', }, {'d', 'B', 'A', 'S', 'E'}};
 for（i=0；i<=1；i++）
   {
     for（j=0；j<=4；j++）
       printf（"%c", a[i][j]）;
     printf（"\n"）;
   }
   return 0;
}
```

此程序中的二维字符数组由于在初始化时全部元素都被赋给了初值，因此一维下标的长度可以不加以说明。

6.3.4　字符串和字符串结束标志

在 C 语言中没有专门的字符串变量，通常用一个字符数组来存放一个字符串。前面介绍字符串常量时，已说明字符串总是以 '\0' 作为结束符。因此，当把一个字符串存入一个数组时，也把结束符 '\0' 存入数组，并以此作为该字符串是否结束的标志。有了 '\0' 后，就不必再用字符数组的长度来判断字符串的长度了。

C 语言允许用字符串的方式对数组初始化赋值。

例如：

char c[]={'C', ' ', 'p', 'r', 'o', 'g', 'r', 'a', 'm'};

可写为

　　char c[]={"C program"};

或去掉 {} 写为

　　char c[]="C program";

　　对字符数组用字符串的方式赋值比用字符逐个赋值要多占一个字节，用于存放字符串结束标志 '\0'。'\0' 是由 C 语言编译系统自动加上的。由于采用了 '\0' 标志，所以在用字符串对字符数组赋初值时一般无须指定数组的长度，而由系统自行处理。

6.3.5　字符数组的输入输出

　　在采用字符串方式赋初值后，字符数组的输入输出将变得简单方便。

　　除了上述用字符串赋初值的办法外，还可用 printf 函数和 scanf 函数一次性输出输入一个字符数组中的字符串，而不必使用循环语句逐个地输入输出字符数组的每个字符。

　　【例 6-9】程序如下。

```
#include <stdio.h>
int main ( )
{
  char c[]="BASIC\ndBASE";
  printf ( "%s\n", c ) ;
  return 0;
}
```

　　此程序的 printf 函数中，使用的格式字符串为 %s，表示输出的是一个字符串。而在输出表列中给出数组名则可。不能写为

　　printf ("%s", c[]) ;

　　【例 6-10】程序如下。

```
#include <stdio.h>
int main ( )
{
  char st[15];
  printf ( "input string: \n" ) ;
  scanf ( "%s", st ) ;
  printf ( "%s\n", st ) ;
  return 0;
}
```

　　此程序中由于定义数组长度为 15，因此输入的字符串长度必须小于 15，以留出一个字节用于存放字符串结束标志 '\0'。应该说明的是，对一个字符数组，如果不进行初始化赋值，则必须说明数组长度。还应该特别注意的是，当用 scanf 函数输入字符串时，字符串中不能含有空格，否则将以空格作为字符串的结束符。

　　例如当输入的字符串中含有空格时，运行情况为

　　input string：

　　this is a book

输出为

　　this

　　由输出结果可以看出空格以后的字符都未能输出。为了避免出现这种情况，可多设几个字符数组分段存放含空格的字符串。

　　【例 6–11】程序如下。

```
#include <stdio.h>
int main ( )
{
    char st1[6]，st2[6]，st3[6]，st4[6]；
    printf（"input string：\n"）；
    scanf（"%s%s%s%s"，st1，st2，st3，st4）；
    printf（"%s %s %s %s\n"，st1，st2，st3，st4）；
    return 0；
}
```

　　此程序分别设了四个数组，输入的一行字符的空格分段分别装入四个数组。然后分别输出这四个数组中的字符串。

　　在前面介绍过，scanf 函数的各输入项必须以地址方式出现，如 &a，&b 等。但在前例中 scanf 函数的输入项却是以数组名方式出现的，这是为什么呢？

　　这是由于，C 语言规定，数组名就代表了该数组的首地址。整个数组是以首地址开头的一块连续的内存单元。

　　如有字符数组 char c[10]，在内存中的表示如图 6–1 所示。

c[0]	c[1]	c[2]	c[3]	c[4]	c[5]	c[6]	c[7]	c[8]	c[9]

图 6–1　字符数 char c[10] 在内存中的表示

　　设数组 c 的首地址为 2000，也就是说 c[0] 单元地址为 2000。则数组名 c 就代表这个首地址。因此，在 c 前面不能再加地址运算符 &。如写作

　　scanf（"%s"，&c）；

则是错误的。在执行 printf（"%s"，c）时，按数组名 c 找到首地址，然后逐个输出数组中各个字符直到遇到字符串结束标志 '\0' 为止。

6.3.6　字符串处理函数

　　C 语言提供了丰富的字符串处理函数，大致可分为字符串的输入、输出、合并、修改、比较、转换、复制、搜索几类。使用这些函数可大大减轻编程的负担。使用用于输入输出的字符串函数，在使用前应包含头文件 stdio.h，使用其他字符串函数，在使用前则应包含头文件 string.h。

下面介绍几个最常用的字符串函数。

1. 字符串输出函数 puts

格式：

puts（字符数组名）

功能：把字符数组中的字符串输出到显示器，即在屏幕上显示该字符串。

【例 6-12】程序如下。

```
#include<stdio.h>
int main ()
{
  char c[]="BASIC\ndBASE";
  puts（c）;
  return 0;
}
```

从此程序中可以看出 puts 函数中可以使用转义字符，因此输出结果为两行。puts 函数完全可以由 printf 函数替代。当需要按一定格式输出时，通常使用 printf 函数。

2. 字符串输入函数 gets

格式：

gets（字符数组名）

功能：通过标准输入设备键盘输入一个字符串。本函数得到一个函数值，为该字符数组的首地址。

【例 6-13】程序如下。

```
#include<stdio.h>
int main ()
{
  char st[15];
  printf（"input string：\n"）;
  gets（st）;
  puts（st）;
  return 0;
}
```

从此程序中可以看出，当输入的字符串中含有空格时，输出仍为全部字符串，说明 gets 函数并不以空格作为字符串输入结束的标志，而只以回车作为字符串输入结束的标志。这是与 scanf 函数不同的。

3. 字符串连接函数 strcat

格式：

strcat（字符数组名 1，字符数组名 2）

功能：把字符数组 2 中的字符串连接到字符数组 1 中的字符串的后面，并删去字符串 1 后的字符串结束标志 '\0'。本函数返回值是字符数组 1 的首地址。

【例 6-14】程序如下。

```c
#include<string.h>
#include <stdio.h>
int main ( )
{
    static char st1[30]="My name is";
    int st2[10];
    printf ( "input your name：\n" ) ;
    gets ( st2 ) ;
    strcat ( st1，st2 ) ;
    puts ( st1 ) ;
    return 0;
}
```

此程序把初始化赋值的字符数组与动态赋值的字符串连接起来。要注意的是，字符数组 1 应定义足够的长度，否则不能全部装入被连接的字符串。

4. 字符串拷贝函数 strcpy

格式：

strcpy（字符数组名 1，字符数组名 2）

功能：把字符数组 2 中的字符串拷贝到字符数组 1 中。字符串结束标志 '\0' 也一同拷贝。字符数组名 2 也可以是一个字符串常量。这时相当于把一个字符串赋给一个字符数组。

【例 6-15】程序如下。

```c
#include<string.h>
#include <stdio.h>
int main ( )
{
    char st1[15], st2[]="C Language";
    strcpy ( st1, st2 ) ;
    puts ( st1 ) ;
    printf ( "\n" ) ;
    return 0;
}
```

strcpy 函数要求字符数组 1 应有足够的长度，否则不能全部装入被拷贝的字符串。

5. 字符串比较函数 strcmp

格式：

strcmp（字符数组名 1，字符数组名 2）

功能：按照 ASCII 码顺序比较两个数组中的字符串，并由函数返回值返回比较结果。

（1）字符串 1 =字符串 2，返回值= 0；

（2）字符串 2> 字符串 2，返回值 >0；

（3）字符串 1< 字符串 2，返回值 <0。

此函数也可用于比较两个字符串常量，或比较数组和字符串常量。

【例 6-16】程序如下。

```
#include<string.h>
#include <stdio.h>
int main ( )
{
  int k;
  static char st1[15], st2[]="C Language";
  printf ( "input a string：\n" ) ;
  gets（st1）;
  k=strcmp（st1, st2）;
  if（k==0）printf（"st1=st2\n"）;
  if（k>0）printf（"st1>st2\n"）;
  if（k<0）printf（"st1<st2\n"）;
  return 0;
}
```

此程序中把输入的字符串和数组 st2 中的字符串比较，比较结果返回到 k 中，根据 k 值再输出结果提示字符串。当输入为 dbase 时，由 ASCII 码可知 dBASE 大于 C Language 故 k>0，输出结果"st1>st2"。

6. 测字符串长度函数 strlen

格式：

strlen（字符数组名）

功能：测字符串的实际长度（不含字符串结束标志 '\0'）并作为函数返回值。

【例 6-17】程序如下。

```
#include<string.h>
#include<stdio.h>
int main ( )
{
  int k;
  static char st[]="C language";
  k=strlen（st）;
  printf（"The length of the string is %d\n", k）;
  return 0;
}
```

6.4　程序举例

【例 6-18】把一个整数按大小顺序插入已排好序的数组中。

为了把一个数按大小顺序插入已排好序的数组中，应首先确定排序是按从大到小还是从小到大的顺序进行的。设排序是按从大到小的顺序进行的，则可把欲插入的数与数组中各数逐个比较，当找到第一个比插入数小的元素 i 时，该元素之前即为插入位置。然后从数组最后一个元素开始到该元素为止，逐个后移一个单元。最后把插入数赋给元素 i 即可。如果被插入数比所有的元素值都小，则插入最后位置。

程序如下。

```c
#include <stdio.h>
int main ( )
{
  int i, j, p, q, s, n, a[11]={127, 3, 6, 28, 54, 68, 87, 105, 162, 18};
  for（i=0；i<10；i++）
    {
      p=i;
      q=a[i];
      for（j=i+1；j<10；j++）
        if（q<a[j]）
          {
            p=j;
            q=a[j];
          }
      if（p!=i）
        {
          s=a[i];
          a[i]=a[p];
          a[p]=s；
        }
      printf（"%d", a[i]）；
    }
  printf（"\ninput number：\n"）；
  scanf（"%d", &n）；
  for（i=0；i<10；i++）
    if（n>a[i]）
      {
```

```
        for（s=9；s>=i；s--）a[s+1]=a[s];
        break;
        }
    a[i]=n;
    for（i=0；i<=10；i++）printf（"%d", a[i]）;
    printf（"\n"）;
    return 0;
}
```

此程序首先对数组 a 中的 10 个数按从大到小的顺序排序并输出排序结果，然后输入要插入的整数 n，再用一个 for 语句 把 n 和数组元素逐个比较，发现有 n>a[i] 时，则由一个内循环把 i 以后各元素值顺次后移一个单元。后移应从后向前进行（从 a[9] 开始到 a[i] 为止）。后移结束跳出外循环。插入点为 i，把 n 赋给 a[i] 即可。 如所有的元素均大于被插入数，则并未进行过后移工作。此时 i=10，结果是把 n 赋于 a[10]。最后一个循环输出插入数后的数组各元素值。

程序运行时，输入数 47。从结果中可以看出 47 已插入到 54 和 28 之间。

【例 6-19】在二维数组 a 中选出各行最大的元素组成一个一维数组 b。程序如下。

编程思路：在数组 a 的每一行中寻找最大的元素，找到之后把该值赋给数组 b 相应的元素即可。

程序如下。

```
#include <stdio.h>
int main（）
{
  int a[][4]={3, 16, 87, 65, 4, 32, 11, 108, 10, 25, 12, 27};
  int b[3], i, j, l;
  for（i=0；i<=2；i++）
    {
      l=a[i][0];
      for（j=1；j<=3；j++）
       if（a[i][j]>l）l=a[i][j];
       b[i]=l;
    }
  printf（"\narray a：\n"）;
  for（i=0；i<=2；i++）
    {
      for（j=0；j<=3；j++）
        printf（"%5d", a[i][j]）;
      printf（"\n"）;
    }
```

```
        printf（"\narray b：\n"）；
    for（i=0；i<=2；i++）
        printf（"%5d", b[i]）；
    printf（"\n"）；
    return 0；
}
```

此程序中第一个 for 语句中又嵌套了一个 for 语句，组成了双重循环。外循环控制逐行处理，并把每行的第 0 列元素赋给 l。进入内循环后，把 l 与后面各列元素比较，并把比 l 大者赋给 l。内循环结束时 l 即为该行最大的元素，然后把 l 值赋给 b[i]。等外循环全部完成时，数组 b 中已装入了数组 a 各行中的最大值。后面的两个 for 语句分别输出数组 a 和数组 b。

【例 6-20】输入五个国家的名称，按字母顺序排列输出。

编程思路：五个国家名应由一个二维字符数组来处理。由于 C 语言规定可以把一个二维数组当成多个一维数组处理，因此本例又可以按五个一维数组处理，而每一个一维数组就是一个国家名字符串。用字符串比较函数比较各一维数组的大小并排序，输出结果即可。

程序如下。

```
#include <stdio.h>
int main（）
{
    char st[20], cs[5][20]；
    int i, j, p；
    printf（"input country's name：\n"）；
    for（i=0；i<5；i++）
        gets（cs[i]）；
    printf（"\n"）；
    for（i=0；i<5；i++）
        {
        p=i；
        strcpy（st, cs[i]）；
        for（j=i+1；j<5；j++）
            if（strcmp（cs[j], st）<0）
            {
                p=j；
                strcpy（st, cs[j]）；
            }
        if（p!=i）
            {
```

```
                strcpy（st, cs[i]）;
                strcpy（cs[i], cs[p]）;
                strcpy（cs[p], st）;
              }
           puts（cs[i]）;
         }
      printf（"\n"）;
      return 0;
   }
```

此程序的第一个 for 语句中，用 gets 函数输入五个国家名字符串。前面说过 C 语言允许把一个二维数组当成多个一维数组处理，此程序说明 cs[5][20] 为二维字符数组，可分为五个一维数组 cs[0]，cs[1]，cs[2]，cs[3]，cs[4]，因此在 gets 函数中使用 cs[i] 是合法的。在第二个 for 语句中又嵌套了一个 for 语句组成双重循环。这个双重循环完成按字母顺序将国家名排序的工作。在外层循环中把字符数组 cs[i] 中的国家名字符串拷贝到数组 st 中，并把下标 i 赋给 p。进入内层循环后，把 st 与 cs[i] 以后的各字符串作比较，若有比 st 小者则把该字符串拷贝到 st 中，并把其下标赋给 p。内循环完成后如 p 不等于 i 说明有比 cs[i] 更小的字符串出现，因此交换 cs[i] 和 st 的内容。至此已确定了数组 cs 的第 i 号元素的排序值。然后输出该字符串。在外循环全部完成之后即完成全部排序和输出。

实验 8　数　　组　（1）

一、实验目的

1. 掌握一维数组的定义、引用、初始化和使用方法。
2. 掌握二维数组的简单应用。

二、实验内容

1. 定义一个整型数组，例：int a[10]。
（1）使用循环语句分别为数组元素赋初值。
（2）实现数组元素初始值的输入。
（3）分别对数组元素静态初始化。
（4）实现数组元素值的输出。

2. 读下面的程序，写出运行结果，并在 Visual C++ 6.0 上验证运行结果。
（1）定义一个数组长度为 10 的整型数组。
要求：
① 使用循环语句为数组元素赋初始值；
② 求出数组的最小数和总和；
③ 输出排序后的数组中各元素。
程序如下。

```c
#include <stdio.h>
int main（　）
{
  int i, a[10], sum, min;
  printf（"input the data：\n"）;
  for（i=0；i<=9；i++）
    scanf（"%d", &a[i]）;
  for（i=0, sum=0；i<=9；i++）
```

```
        sum+=a[i];
    for（i=0, min=a[0]；i<=9；i++）
        if（min>a[i]）
            min=a[i];
    printf（"sum=%d, min=%d\n", sum, min）；
    return 0;
}
```

运行结果：

结果分析：

（2）将一个数组逆序排序后输出。程序如下。

```
#include<stdio.h>
int main（ ）
{
    int i, temp, a[10];
    printf（"please input ten num：\n"）；
    for（i=0；i<10；i++）
        {
            printf（"a[%d]=", i）；
            scanf（"%d", &a[i]）；
        }
    for（i=0；i<5；i++）
        {
            temp=a[i];
            a[i]=a[9-i];
            a[9-i]=temp；
        }
    printf（"\nAfter sorted：\n"）；
    for（i=0；i<10；i++）
        printf（"%d\n", a[i]）；
    return 0;
}
```

运行结果：

结果分析:

（3）检查一个字符串是否是回文，回文即正向和反向的拼写都一样。程序如下。

```c
#include<stdio.h>
#include<string.h>
int main ( )
{
  int p, i, j, t;
  char s[50];
  printf ( "please input the string: \n" ) ;
  gets ( s ) ;
  p=strlen ( s ) ;
  for ( i=0, j=p−1, t=0; i<j; i++, j−− )
    if ( s[i]!=s[j] )
      {
        t=1;
        break;
      }
  if ( t==1 )
    printf ( "no\n" ) ;
  else
    printf ( "yes\n" ) ;
  return 0;
}
```

运行结果:

结果分析:

（4）字符串函数的使用方法。程序如下。

```c
#include<stdio.h>
#include<string.h>
int main ( )
{
  char str1[50], str2[20];
  int len1, len2, compare;
```

```
printf（"please input the string str1：\n"）；
gets（str1）；
printf（"please input the string str2：\n"）；
gets（str2）；
compare=strcmp（str1, str2）；
len1=strlen（str1）；
len2=strlen（str2）；
printf（"compare=%d\nlen1=%d\nlen2=%d\n", compare, len1, len2）；
strcat（str1, str2）；
puts（str1）；
len1=strlen（str1）；
printf（"the new string1 len1=%d", len1）；
return 0；
}
```

运行结果：

结果分析：

（5）给出以下形式数据，计算各行之和，并存入一个一维数组中。程序如下。

```
            1      2      4
            6      1      5
            8      0      0
```

```
#include <stdio.h>
int main（）
{
    int a[3][3]={{1, 2, 4}, {6, 1, 5}, {8, 0, 0}}, b[3]={0}；
    int i, j；
    for（i=0；i<3；i++）
      for（j=0；j<3；j++）
        b[i]=b[i]+a[i][j]   ；
    for（i=0；i<3；i++）
      printf（"%6d", b[i]）；
    return 0；
}
```

运行结果：

结果分析：

（6）求一个 3*3 矩阵对角线元素之和。程序如下。

```c
#include<stdio.h>
int main ()
{
  int a[3][3], sum=0;
  int i, j;
  printf ( "please input rectangle element: \n" );
  for ( i=0; i<3; i++ )
    for ( j=0; j<3; j++ )
      scanf ( "%d", &a[i][j] );
  for ( i=0; i<3; i++ )
    {
      for ( j=0; j<3; j++ )
        printf ( "%5d", a[i][j] );
      printf ( "\n" );
    }
  for ( i=0; i<3; i++ )
    sum=sum+a[i][i];
  printf ( "sum is %d", sum );
  return 0;
}
```

运行结果：

结果分析：

3. 程序改错。程序的目的功能是计算二维数组主对角线上元素之和。程序如下。
求二维数组主对角线上元素之和。

```c
① #include <stdio.h>
   int main ()
② {int a[i][j];
③   int i, j, sum;
④   for ( i=0; i<4; i++ )
⑤     for ( j=0; j<4; j++ )
```

⑥　　　scanf（"%d", a[i][j]）;
⑦　for（i=0；i<4；i++）
⑧　　sum=sum+a[i][j];
⑨　printf（"SUM=%d", sum）;
⑩ }

4. 运行下面的 C 语言程序。根据运行结果对程序进行说明。

```c
#include <stdio.h>
int main ()
{
int num[5]={1, 2, 3, 4, 5};
  int i;
  for（i=0；i<=5；i++）
  printf（"%4d", num[i]）;
  return 0;
}
```

5. 编写程序：得到 10 个数的平均值和最大数。

6. 编写程序：通过键盘输入 10 个数，按照由小到大的顺序排序，并输出结果。

7. 编写程序。

（1）将二维数组 a 的行和列元素互换，存到二维数组 b 中。

（2）打印杨辉三角形（要求打印出 10 行）。

8.（选做题）编写程序：随机通过键盘输入 n 个数，求 n 个数的最小数与各数之和。

三、思考题

1. 如果实验内容 2 的（1）中缺少 sum 和 min 变量的初始赋值，会对程序结果造成什么影响？修改程序进行验证，并分析原因。将该程序中的求最小数改为求最大数，应该修改哪一程序段？

2. 在使用字符串函数时必须添加什么头文件？

四、实验报告

1. 分析整理程序运行结果，完成实验报告，要求报告书写字迹清晰、格式规范。

2. 完成思考题，并归纳总结一维数组和二维数组的使用方法和作用。

实验 9　数组（2）

一、实验目的

1. 掌握字符数组的定义和使用方法。
2. 掌握字符数组的基本算法。

二、实验内容

1. 写出下面程序的运行结果。

```c
#include <stdio.h>
int main（　）
{
  char p1[20]="abcd", p2[20]="ABCD", str[50]="xyz";
  strcpy（str+2, strcat（p1+2, p2+1））;
  printf（"%s", str）;
  return 0;
}
```

运行结果：

2. 程序填空。

（1）将一个字符串按逆序重新存放，并输出。程序如下。

```c
#include <stdio.h>
int main()
{
  char  a[20];
  int n, i, t;
  gets（a）;
  _____①_____;
  for（i=0；i<n/2；i++）
    {____②____}
  puts（a）;
  return 0;
}
```

（2）以下程序中函数 huiwen 的功能是检查一个字符串是否是回文，当字符串是回文时，函数返回字符串 yes!，否则函数返回字符串 no!，并在主函数中输出。（所谓回文即正向与反向的拼写都一样，例如：adgda。）

```
#include<string.h>
int  huiwen（charstr[]）
{
  int p, i, j;
  p=strlen（str）;
  for（i=0, j=p−1；i<j；  ）
    if（_____①_____）
        return 0;
  return 1;
}
#include <stdio.h>
int main（）
{
  char str[50];
  printf（"Input："）;
  scanf（"%s", str）;
  if（_____②_____）
    printf（"yes!"）;
  else
    printf（"no!"）;
  return 0;
}
```

3. 程序改错。

（1）以下程序用 scpy 函数实现字符串复制，即将 t 所指字符串复制到 s 所指内存空间中，形成一个新的字符串 s。

```
① void scpy（char s[ ], char t[ ]）
② { int i;
③    while（t[i]）
④    s[i++]=t[i++];
⑤    t[i]='\0';
⑥ }
⑦ main（  ）
⑧ { char str1[ ], str2[ ]="abcdefgh";
⑨    scpy（str1, str2）;
⑩    printf（"%s", str1）;
⑪ }
```

（2）通过键盘输入一个字符串 how are you，并将字符串原样输出。

① #include <stdio.h>
　　int main ( )
② {char f[ ];
③ scanf（"%s", f）
④ printf（"%s", f）；
⑤ }

4. 编写程序。

（1）在一个一维字符数组 A[]={"I am a student."} 中查找 "tu" 字符串的位置。

（2）将一个字符串首尾倒置，重新存放。

（3）将字符串 abc0d12ef567ghijkl 中的数字字符输出。

（4）比较三个字符串的大小，按从小到大的顺序输出。

（5）将 2×3 的二维数组 a 中行和列元素互换，存到二维数组 b 中。

（6）通过键盘输入十个数，分别使用起泡排序法和选择排序法，按照由大到小的顺序对数组元素进行排序，并将排序后的数组元素逐一输出。

5.思考题。

（1）设有存放于数组中一组整数，现通过键盘输入一个整数，在数组中查找该数，如果数组中含有该数，则输出其全部出现位置，否则输出"** 不存在"，** 代表该数值。

参考程序如下。

```c
#include <stdio.h>
#define N 10
int main ( )
{
    int a[N]={16, 35, 48, 29, 56, 43, 93, 64, 90, 48};
    int n, sgn, i;
    printf（ "请输入待查找的整数："）;
    scanf（"%d", &n）;
    sgn=0;
    for（i=0; i<N; i++）
      {
         if（a[i]==n）
```

```
                    {
                        sgn=1;
                        printf（"%d 在数组中的 %d 位置出现 .\n", n, i+1）;
                    }
                }
        if（sgn==0）
            printf（"%d 不存在 \n", n）;
        return 0;
}
```

（2）设有一存有 10 个随机数的数组，找出其中的最大数及其在数组中的位置。

参考程序如下。

```
#include <stdio.h>
#include <stdlib.h>
#include <time.h>
#define N 10
int main（）
{
    int a[N], i, k;
    srand（time（NULL））;
    for（i=0; i<N; i++）
      {
          a[i]=rand（）;
          printf（"%6d", a[i]）;
      }
    k=0;
    for（i=1; i<N; i++）
      {
          if（a[i]>a[k]）
            {
                k=i;
            }
      }
    printf（"\n 最大值是 %d, 它是数组的第 %d 个数 \n", a[k], k+1）;
    return 0;
}
```

（3）现有一未排序的整型数组，用选择法将该数组按由大到小的顺序排序。

参考程序如下。

```
#include <stdio.h>
```

```
#define N 10
int main ( )
{
    int a[N], i, k, j, t;
    printf（"请输入 %d 个整数："，N）；
    for（i=0；i<N；i++）
      {
        scanf（"%d", &a[i]）；
      }
    for（j=0；j<N-1；j++）
      {
        k=j;
        for（i=j+1；i<N；i++）
          if（a[i]>a[k]）
            k=i;
        t=a[j]; a[j]=a[k]; a[k]=t;
      }
    printf（"排序后的数组：\n"）；
    for（i=0；i<N；i++）
      printf（"%5d", a[i]）；
    printf（"\n"）；
    return 0;
}
```

（4）有一数组，其元素已按由大到小的顺序排列，现通过键盘输入一个数，插入到该数组中，要求插入后的数组元素依然按由大到小的顺序排列。

参考程序如下。

```
#include <stdio.h>
#define N 10
int main ( )
{
    int a[N+1]={98, 96, 87, 78, 72, 64, 56, 51, 43, 36}；
    int n, i;
    printf（"插入前的数组：\n"）；
    for（i=0；i<N；i++）
      printf（"%5d", a[i]）；
    printf（"\n"）；
    printf（"请输入待插入的整数："）；
    scanf（"%d", &n）；
```

```
    for（i=N-1；i>=0；i--）
      if（a[i]<n）
        a[i+1]=a[i]；
      else
        break；
    a[i+1]=n；
    printf（"插入后的数组：\n"）；
    for（i=0；i<=N；i++）
      printf（"%5d", a[i]）；
    printf（"\n"）；
    return 0；
}
```

（5）设有存放于一维数组中的一组整数，且已按由小到大的顺序排序，现通过键盘输入一个整数，在数组中查找该数，如果数组中含有该数，则输出该数的出现位置，否则输出"** 不存在"，** 代表该数值。

参考程序如下。

```
#include <stdio.h>
#define N 10
int main（）
{
    int a[N]={93, 90, 64, 56, 50, 48, 43, 35, 29, 16}；
    int n, sgn, top, bott, mid；
    printf（"请输入待查找的整数："）；
    scanf（"%d", &n）；
    sgn=0；
    top=0；
    bott=N-1；
    while（top<=bott）
      {
        mid=（top+bott）/2；
        if（a[mid]==n）
          {
            sgn=1；
            break；
          }
        else if（a[mid]>n）
          top=mid+1；
        else
```

```
                bott=mid-1;
        }
    if（sgn==0）
        printf（"%d 不存在 \n", n）；
    else
        printf（"%d 在第 %d 个数位置被发现 .\n", n, mid+1）；
    return 0；
}
```

（6）按如下格式打印杨辉三角形，具体行数通过键盘输入。

```
                    1
                  1   1
                1   2   1
              1   3   3   1
            1   4   6   4   1
          1   5  10  10   5   1
```

参考程序如下。

```
#include <stdio.h>
#define N 20
int main（）
{
    int yang[N][N], n, i, j;
    printf（" 请输入要打印的行数： "）；
    scanf（"%d", &n）；
    for（i=0；i<n；i++）
        yang[i][0]=yang[i][i]=1；
    for（i=2；i<n；i++）
        for（j=1；j<i；j++）
            yang[i][j]=yang[i-1][j]+yang[i-1][j-1]；
    for（i=0；i<n；i++）
    {
        for（j=0；j<n-i-1；j++）
            printf（"%3c", ' '）；
        for（j=0；j<=i；j++）
            printf（"%6d", yang[i][j]）；
        printf（"\n"）；
    }
    return 0；
}
```

（7）从一字符串中删除指定的字符。

参考程序如下。

```c
#include <stdio.h>
#define N 80
int main ()
{
    char str[N], ch, i, j=0;
    printf ("请输入一个字符串：");
    gets (str);
    printf ("请输入待删除的字符：");
    ch=getchar ();
    for (i=0; str[i]!='\0'; i++)
        if (str[i]!=ch)
            str[j++]=str[i];
    str[j]='\0';
    printf ("删除指定字符后的字符串：%s\n", str);
    return 0;
}
```

三、实验报告

1. 分析整理程序运行结果，完成实验报告，要求报告书写字迹清晰、格式规范。

2. 归纳总结常用字符串函数的使用方法和作用。

第7章 函 数

7.1 概 述

在前面已经介绍过，C 语言程序是由函数组成的。虽然在前面各实验中的程序中大都只有一个主函数 main，但实用程序往往由多个函数组成。函数是 C 语言程序的基本模块，通过对函数模块的调用可实现特定的功能。C 语言中的函数相当于其他高级语言中的子程序。C 语言不仅提供了极为丰富的库函数（如 Visual C++ 6.0 和 MS C 都提供了三百多个库函数），还允许用户建立自己定义的函数。用户可把自己的算法编成一个个相对独立的函数模块，然后用调用的方法来使用函数。可以说 C 语言程序的全部工作都是由各式各样的函数完成的，所以也把 C 语言称为函数式语言。

由于采用了函数模块式的结构，C 语言易于实现结构化程序设计，使程序的层次结构清晰，便于程序的编写、阅读和调试。

在 C 语言中可从不同的角度对函数进行分类。

（1）从函数定义的角度看，函数可分为库函数和用户定义函数两种。

①库函数：由 C 语言编译系统提供，用户无须定义，也不必在程序中作类型说明，只需在程序前包含有该函数原型的头文件即可在程序中直接调用。在前面各章的例题中反复用到 printf、scanf、getchar、putchar、gets、puts、strcat 等函数均属此类。

②用户定义函数：由用户按需要编写的函数。对于用户自定义函数，不仅要在程序中定义函数本身，而且在主调函数模块中还必须对该被调函数进行类型说明，然后才能使用。

（2）C 语言中的函数兼有其他语言中的函数和过程的功能，从这个角度看，又可把函数分为有返回值函数和无返回值函数两种。

①有返回值函数：此类函数被调用执行完后将向调用者返回一个执行结果，称为函数返回值（或称函数的值）。数学函数即属于此类函数。由用户定义的这种要返回函数的值的函数，必须在函数定义和函数说明中明确函数返回值的类型。

②无返回值函数：此类函数用于完成某项特定的处理任务，执行完成后不向调用者返回函数的值。这类函数类似于其他语言中的过程。由于此类函数无须返回函数的值，用户在定义此类函数时可指定它的返回值为"空类型"，空类型的说明符为 void。

（3）从主调函数和被调函数之间数据传送的角度看，函数又可分为无参函数和有参函数两种。

①无参函数：函数定义、函数说明及函数调用中均不带参数，主调函数和被调函数之间不进行参数传送。此类函数通常用来完成一组指定的功能，可以返回或不返回函数值。

②有参函数：也称带参函数，在函数定义及函数说明中都有参数，称为形式参数（简

称形参）；在函数调用时也必须给出参数，称为实际参数（简称实参）。进行函数调用时，主调函数将把实参的值传送给形参，供被调函数使用。

（4）C语言提供了极为丰富的库函数，这些库函数又可从功能角度分成以下几种。

①字符类型分类函数：用于对字符按 ASCII 码分类，字母、数字、控制字符、分隔符、大小写字母等。

②转换函数：用于字符或字符串的转换；在字符量和各类数字量（整型、实型等）之间进行转换；在大、小写之间进行转换。

③目录路径函数：用于文件目录和路径操作。

④诊断函数：用于内部错误检测。

⑤图形函数：用于屏幕管理和各种图形功能。

⑥输入输出函数：用于完成输入输出功能。

⑦接口函数：用于与 DOS、BIOS 和硬件的接口。

⑧字符串函数：用于字符串操作和处理。

⑨内存管理函数：用于内存管理。

⑩数学函数：用于数学函数计算。

⑪日期和时间函数：用于日期和时间转换操作。

⑫进程控制函数：用于进程管理和控制。

⑬其他函数：用于其他各种功能。

以上各类函数不仅数量多，而且有的还需要具备硬件知识才能会使用，因此要想全部掌握需要一个较长的学习过程。应首先掌握一些最基本、最常用的函数，再逐步深入。由于课时关系，本书只介绍了很少一部分库函数，其余部分读者可根据需要查阅有关手册。

还应该指出的是，在 C 语言中，所有的函数定义，包括主函数 main 在内，都是平行的。也就是说，在一个函数的函数体内，不能再定义另一个函数，即不能嵌套定义。但是，函数之间允许相互调用，也允许嵌套调用。习惯上把调用者称为主调函数。函数还可以自己调用自己，称为递归调用。

main 函数是主函数，它可以调用其他函数，而不允许被其他函数调用。因此，C 语言程序的执行总是从 main 函数开始，完成对其他函数的调用后再返回到 main 函数，最后由 main 函数结束整个程序。一个 C 语言程序必须有，也只能有一个主函数 main。

7.2　函数定义的一般形式

7.2.1　无参函数定义的一般形式

无参函数定义的一般形式：

类型标识符 函数名 ( )

```
{
    声明部分
    语句
}
```

其中，类型标识符和函数名称为函数头。类型标识符指明了本函数的类型，而函数的类型实际上是函数返回值的类型。该类型标识符与前面介绍的各种说明符相同。函数名是由用户定义的标识符，函数名后有一个空括号，其中无参数，但括号不可少。

{} 中的内容称为函数体。函数体中的声明部分是对函数体内部所用到的变量的类型说明。在很多情况下都不要求无参函数有函数返回值，此时函数的类型标识符可以写为 void。

可以改写一个函数定义：

```
void Hello ( )
{
    printf（"Hello, world \n"）;
}
```

这里，只把 main 改为 Hello 作为函数名，其余不变。Hello 函数是一个无参函数，当被其他函数调用时，输出 Hello，world 字符串。

7.2.2　有参函数定义的一般形式

有参函数定义的一般形式：

类型标识符 函数名（形式参数表列）

{

　　声明部分

　　语句

}

有参函数定义的一般形式比无参函数定义的一般形式多了一个内容，即形式参数表列（简称形参表）。在形参表中给出的参数称为形式参数，它们可以是各种类型的变量，各参数之间用逗号间隔。在进行函数调用时，主调函数将赋给这些形式参数实际的值。既然形参是变量，则必须在形参表中给出形参的类型说明。

例如，定义一个函数，用于求两个数中的大数，可写为

```
int max（int a, int b）
{
    if（a>b）return a; else return b;
}
```

第一行说明 max 函数是一个整型函数，其返回值是一个整数。形参为 a，b，均为整型量。a，b 的具体值是由主调函数在调用时传送过来的。在 {} 中的函数体内，除形参外没有使用其他变量，因此只有语句而没有声明部分。函数体中的 return 语句是把 a（或 b）的值作为函数的值返回给主调函数。有返回值函数中至少应有一个 return 语句。

在 C 语言程序中，一个函数的定义可以放在任意位置，既可放在主函数 main 之前，也可放在主函数 main 之后。

【例 7-1】程序如下。

```
#include <stdio.h>
```

```
int max（int a，int b）
{
    if（a>b）return a；else return b；
}
 int main（）
{
    int max（int a，int b）；
    int x，y，z；
    printf（"input two numbers：\n"）；
    scanf（"%d%d"，&x，&y）；
    z=max（x，y）；
    printf（"maxmum=%d"，z）；
    return 0；
}
```

可以从函数定义、函数说明及函数调用的角度来分析整个程序，从中进一步了解函数的各种特点。

程序的第1行至第5行为max函数定义。进入主函数后，因为准备调用max函数，故先对max函数进行说明（程序第8行）。函数定义和函数说明并不是一回事，在后面还要专门讨论。可以看出函数说明与函数定义中的函数头部分相同，但是末尾要加分号。程序第12行为调用max函数，并把x，y中的值传送给max函数的形参a，b。max函数执行的结果（a或b）将返回给变量z。最后由主函数输出z的值。

7.3　函数的参数和函数的值

7.3.1　函数的参数

前面已经介绍过，函数的参数分为形参和实参两种。本部分，进一步介绍形参、实参的特点和两者的关系。形参出现在函数定义中，在整个函数体内都可以使用，离开该函数则不能使用。实参出现在主调函数中，进入被调函数后，实参变量也不能使用。形参和实参的功能是数据传送。发生函数调用时，主调函数把实参的值传送给被调函数的形参从而实现主调函数向被调函数的数据传送。函数的形参和实参具有以下特点。

（1）形参变量只有在被调用时才被分配内存单元，在调用结束时，即刻释放所分配的内存单元。因此，形参变量只在函数内部有效。函数调用结束返回主调函数后则不能再使用该形参变量。

（2）实参可以是常量、变量、表达式、函数等，无论实参是何种类型的量，在进行函数调用时，实参都必须具有确定的值，以便把值传送给形参。因此应预先用赋值、输入等办法使实参获得确定值。

（3）实参和形参在数量上、类型上、顺序上应严格一致，否则会发生"类型不匹配"

的错误。

（4）函数调用中发生的数据传送是单向的。即只能把实参的值传送给形参，而不能把形参的值反向地传送给实参。因此，在函数调用过程中，形参的值发生改变，而实参的值不会变化。图 7-1 可以说明这个问题。

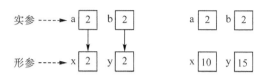

图 7-1　实参向形参的单向传递

【例 7-2】程序如下。

```c
#include <stdio.h>
int main ( )
{
    int n;
    printf ( "input number\n" ) ;
    scanf ( "%d", &n ) ;
    s ( n ) ;
    printf ( "n=%d\n", n ) ;
    return 0;
}
void s ( int n )
{
    int i;
    for ( i=n-1; i>=1; i-- )
        n=n+i;
    printf ( "n=%d\n", n ) ;
}
```

此程序中定义了一个函数 s，该函数的功能是求 n 的值。在主函数中输入 n 值，并将其作为实参，在调用时传送给 s 函数的形参 n（注意：本例的形参变量和实参变量的标识符都为 n，但这是两个不同的量，各自的作用域不同）。在主函数中用 printf 函数输出一次 n 值，这个 n 值是实参 n 的值。在函数 s 中也用 printf 函数输出了一次 n 值，这个 n 值是形参最后取得的 n 值 0。从运行情况看，若输入 n 值为 100，即实参 n 的值为 100，把此值传送给函数 s 时形参 n 的初值也为 100，在执行函数过程中，形参 n 的值变为 5050。返回主函数之后，输出实参 n 的值仍为 100。可见实参的值不随形参的变化而变化。

7.3.2 函数的值

函数的值是指函数被调用之后，执行函数体中的程序段所取得的并返回给主调函数的值。如调用正弦函数取得的正弦值，调用例 7-1 程序中的 max 函数取得的最大数等。对函数的值有以下一些说明。

（1）函数的值只能通过 return 语句返回主调函数。

return 语句的一般形式：

return 表达式；

或

return（表达式）；

return 语句的功能是计算表达式的值，并返回给主调函数。在函数中允许有多个 return 语句，但每次调用只能有一个 return 语句被执行，因此只能返回一个函数的值。

（2）函数的值的类型和函数定义中函数的类型应保持一致。如果两者不一致，则以函数类型为准，自动进行类型转换。

（3）如函数的值为整型，在函数定义时可以省去类型标识符。

（4）不返回函数的值的函数，可以明确定义为空类型，类型标识符为 void。例 7-2 中函数 s 并不向主函数返回函数的值，因此可定义为

void s（int n）

{

......

}

一旦函数被定义为空类型，就不能在主调函数中使用该函数的函数值了。例如，在定义 s 函数为空类型后，在主函数中下面的语句就是错误的。

sum=s（n）；

为了使程序有良好的可读性并减少出错，凡不要求返回函数的值的函数都应定义为空类型。

7.4 函数的调用

7.4.1 函数调用的一般形式

前面已经说过，在 C 语言程序中是通过对函数的调用来执行函数体的，其过程与其他语言的子程序调用相似。C 语言中函数调用的一般形式：

函数名（实际参数表）

调用无参函数时则无实际参数表。实际参数表中的参数可以是常数、变量或其他构造类型数据及表达式，各实参之间用逗号分隔。

7.4.2 函数调用的方式

在 C 语言中，可以用以下几种方式调用函数。

（1）函数表达式：函数作为表达式中的一项出现在表达式中，以函数返回值参与表达式的运算。这种方式要求函数是有返回值函数。例如：z=max（x，y）是一个赋值表达式，把 max 函数的函数返回值赋给变量 z。

（2）函数语句：函数调用的一般形式加上分号即构成函数语句。例如：

printf（"%d", a）；

scanf（"%d", &b）；

都是以函数语句的方式调用函数。

（3）函数实参：函数作为另一个函数调用的实际参数出现。这种情况是把该函数的函数返回值作为实参进行传送，因此要求该函数必须是有返回值函数。例如：

printf（"%d", max（x, y））；

即是把 max 函数调用的函数返回值又作为 printf 函数的实参来使用。在函数调用中还应该注意的一个问题是求值顺序的问题。所谓求值顺序是指对实参表中各量是自左至右使用还是自右至左使用。对此，各系统的规定不一定相同。介绍 printf 函数时已提到过，这里从函数调用的角度再强调一下。

【例 7-3】程序如下。

```
#include <stdio.h>
int main ( )
{
    int i=8；
    printf（"%d\n%d\n%d\n%d\n", ++i, --i, i++, i--）；
    return 0；
}
```

如按照从右至左的顺序求值，程序运行结果应为

8

7

7

8

如按照从左至右的顺序求值，程序运行结果应为

9

8

8

9

应特别注意的是，无论是从左至右求值，还是从右至左求值，其输出顺序都是不变的，即输出顺序总是和实参表中实参的顺序相同。Visual C++ 6.0 规定从右至左求值。

7.4.3　被调用函数的声明和函数原型

在主调函数中调用某函数之前应对该被调函数进行说明（声明），这与使用变量之前要先进行变量说明是一样的。在主调函数中对被调函数进行说明的目的是使 C 语言编译系

统知道被调函数返回值的类型，以便在主调函数中按此种类型对函数返回值做相应的处理。

其一般形式：

类型说明符 被调函数名（类型 形参，类型 形参，……）；

或

类型说明符 被调函数名（类型，类型，……）；

括号内给出了形参的类型和形参名，或只给出形参的类型。这便于C语言编译系统进行检错，以防止可能出现的错误。

例7-1程序中main函数中对max函数的说明为

int max（int a，int b）；

或写为

int max（int，int）；

C语言中又规定在以下几种情况下可以省去主调函数中对被调函数的说明。

（1）如果被调函数的返回值是整型或字符型时，主函数可以不对被调函数进行说明，而直接调用。这时系统将自动对被调函数的函数返回值按整型处理。例7-2程序中的主函数中未对s函数进行说明而直接调用即属此种情形。

（2）若被调函数的函数定义出现在主调函数之前，在主调函数中也可以不对被调函数再进行说明而直接调用。例7-1程序中，max函数的定义放在main函数之前，因此可在main函数中省去对max函数的说明。

（3）如在所有函数定义之前，在函数外预先说明了各个函数的类型，则在以后的各主调函数中，可不再对被调函数进行说明。例如：

```
char str（int a）；
float f（float b）；
int main（）
{
    ……
}
char str（int a）
{
    ……
}
float f（float b）
{
    ……
}
```

此程序中第一、二行对str函数和f函数预先进行了说明，因此在以后各函数中无须对str函数和f函数再进行说明就可直接调用。

（4）对库函数的调用不需要再进行说明，但必须把该函数的头文件用include命令包含在程序文件前部。

7.5　函数的嵌套调用

　　C 语言中不允许进行嵌套的函数定义，因此各函数之间是平行的，不存在上一级函数和下一级函数的问题。但是 C 语言允许在一个函数的定义中出现对另一个函数的调用。这样就出现了函数的嵌套调用。即在被调函数中又调用其他函数。这与其他语言的子程序嵌套的情形是类似的。图 7-2 为函数间调用示意图。

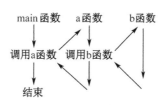

图 7-2　函数间调用示意图

　　图 7-2 表示了两层嵌套的情形。其执行过程是：执行 main 函数中调用 a 函数的语句时，即转去执行 a 函数，a 函数中调用 b 函数时，又转去执行 b 函数，b 函数执行完毕返回 a 函数的断点继续执行，a 函数执行完毕返回 main 函数的断点继续执行。

　　【例 7-4】计算 $s=2^2!+3^2!$。

　　可编写两个函数，一个是用来计算平方值的函数 f1，另一个是用来计算阶乘值的函数 f2。主函数先调 f1 函数计算出平方值，再在 f1 函数中以平方值为实参，调用 f2 函数计算其阶乘值，然后返回 f1 函数，再返回主函数，在循环程序中计算累加和。

```
#include <stdio.h>
long f1（int p）
{
 int k;
 long r;
 long f2（int）;
 k=p*p;
 r=f2（k）;
 return r;
}
 long f2（int q）
{
 long c=1;
 int i;
 for（i=1；i<=q；i++）
    c=c*i;
```

```
        return c；
    }
    int main（）
    {
     int i；
     long s=0；
     for（i=2；i<=3；i++）
        s=s+f1（i）；
     printf（"\ns=%ld\n"，s）；
     return 0；
    }
```

此程序中，f1 函数和 f2 函数均为长整型，都在主函数之前定义，故不必再在主函数中对 f1 函数和 f2 函数加以说明。在主程序中，执行循环程序依次把 i 值作为实参调用 f1 函数求 i2 值。在 f1 函数中又发生对 f2 函数的调用，这时是把 i2 的值作为实参去调用 f2 函数，在 f2 函数中完成求 i2! 的计算。f2 函数执行完毕把 c 值（即 i2!）返回给 f1 函数，再由 f1 函数返回主函数实现累加。至此，由函数的嵌套调用实现了题目的要求。由于数值很大，所以函数和一些变量的类型都为长整型，否则会造成计算错误。

7.6 函数的递归调用

一个函数在它的函数体内调用它自身称为递归调用。这种函数称为递归函数。C 语言允许函数的递归调用。在递归调用中，主调函数又是被调函数。执行递归函数将反复调用其自身，每调用一次就进入新的一层。例如有函数 f 如下：

```
    int f（int x）
    {
        int y；
        z=f（y）；
        return z；
    }
```

这个函数是一个递归函数。但是，运行该函数将无休止地调用其自身，这当然是不正确的。为了防止递归调用无终止地进行，必须在函数内有终止递归调用的手段。常用的办法是加条件判断，满足某种条件后就不再进行递归调用，然后逐层返回。下面举例说明递归调用的执行过程。

【例 7-5】用递归法计算 n!。

用递归法计算 n! 可用下面的公式表示。

$$n!=\begin{cases}1 & (n=0, \ 1)\\ n(n-1)! & (n>1)\end{cases}$$

程序如下。

```c
#include <stdio.h>
long ff（int n）
{
    long f;
    if（n<0）printf（"n<0，input error"）;
    else if（n==0||n==1）f=1;
    else f=ff（n–1）*n;
    return（f）;
}
int main（）
{
    int n;
    long y;
    printf（"\ninput a inteager number：\n"）;
    scanf（"%d"，&n）;
    y=ff（n）;
    printf（"%d!=%ld"，n，y）;
    return 0;
}
```

此程序中给出的 ff 函数是一个递归函数。主函数调用 ff 函数后即进入 ff 函数执行，n<0，n==0 或 n=1 时都将结束函数的执行，否则就递归调用 ff 函数自身。由于每次递归调用的实参为 n–1，即把 n–1 的值赋给形参 n，最后当 n–1 的值为 1 时再进行递归调用，形参 n 的值也为 1，将使递归终止。然后可逐层退回。

下面举例说明该过程。设执行此程序时输入为 5，即求 5!。在主函数中的调用语句即为

y=ff（5）;

进入 ff 函数后，由于 n=5，不等于 0 或 1，故应执行 f=ff（n–1）*n，即 f=ff（5–1）*5，ff 函数进行递归调用即 ff（4）。

进行 4 次递归调用后，ff 函数形参取得的值变为 1，故不再继续递归调用而开始逐层返回主调函数。ff（1）的函数返回值为 1，ff（2）的函数返回值为 1*2=2，ff（3）的函数返回值为 2*3=6，ff（4）的函数返回值为 6*4=24，最后 ff（5）的函数返回值为 24*5=120。

例 7-5 也可以用递推法来完成，即从 1 开始乘以 2，再乘以 3，直到乘以 n。递推法比递归法更容易理解和实现，但是有些问题则只能用递归法才能实现。典型的问题是 Hanoi 塔问题。

【例 7-6】Hanoi 塔问题。

一块板上有三根针，A，B，C。A 上套有 64 个大小不等的圆盘，大的在下，小的在上。要把这 64 个圆盘从 A 上移动到 C 上，每次只能移动一个圆盘，移动可以借助 B 进行。但

在任何时候，任何针上的圆盘都必须保持大盘在下，小盘在上。求移动的步骤。

算法分析如下。

设 A 上有 n 个圆盘。

如果 n=1，则将圆盘从 A 上直接移动到 C 上。

如果 n=2，则：

（1）将 A 上的 n–1（等于 1）个圆盘移到 B 上；

（2）将 A 上的一个圆盘移到 C 上；

（3）将 B 上的 n–1（等于 1）个圆盘移到 C 上。

如果 n=3，则：

（1）将 A 上的 n–1（等于 2，令其为 n'）个圆盘移到 B（借助于 C）上，步骤如下。

①将 A 上的 n'–1（等于 1）个圆盘移到 C 上。

②将 A 上的一个圆盘移到 B 上。

③将 C 上的 n'–1（等于 1）个圆盘移到 B 上。

（2）将 A 上的一个圆盘移到 C 上。

（3）将 B 上的 n–1（等于 2，令其为 n'）个圆盘移到 C（借助 A）上，步骤如下。

①将 B 上的 n'–1（等于 1）个圆盘移到 A 上。

②将 B 上的一个圆盘移到 C 上。

③将 A 上的 n'–1（等于 1）个圆盘移到 C 上。

到此，完成了三个圆盘的移动。

从上面分析可以看出，当 n 大于等于 2 时，移动的过程可分解为三个步骤：第一步，把 A 上的 n–1 个圆盘移到 B 上；第二步，把 A 上的一个圆盘移到 C 上；第三步，把 B 上的 n–1 个圆盘移到 C 上。其中，第一步和第三步是类同的。

当 n=3 时，第一步和第三步又分解为类同的三步，即把 n'–1 个圆盘从一个针上移到另一个针上，这里的 n'=n–1。显然这是一个递归过程，据此算法可编程如下。

```c
move（int n, int x, int y, int z）
{
    if（n==1） printf（"%c-->%c\n", x, z）;
    else
      {
        move（n–1, x, z, y）;
        printf（"%c-->%c\n", x, z）;
        move（n–1, y, x, z）;
      }
}
int main（）
{
    int h;
    printf（"\ninput number：\n"）;
```

```
scanf（"%d", &h）;
printf（"the step to moving %2d diskes：\n", h）;
move（h, 'a', 'b', 'c'）;
return 0;
}
```

此程序中可以看出，move 函数是一个递归函数，它有 4 个形参 n，x，y，z。n 表示圆盘数，x，y，z 分别表示三根针。move 函数的功能是把 x 上的 n 个圆盘移动到 z 上。当 n==1 时，直接把 x 上的圆盘移至 z 上，输出 x → z。如 n!=1 则分为三步：递归调用 move 函数，把 n−1 个圆盘从 x 上移到 y 上；输出 x → z；递归调用 move 函数，把 n−1 个圆盘从 y 上移到 z 上。在递归调用过程中 n=n−1，故 n 的值逐次递减，最后 n=1 时，终止递归，逐层返回。当 n=4 时程序运行的结果：

input number：4

the step to moving 4 diskes：a → b

a → c b → c a → b c → a c → b a → b a → c b → c b → a c → a b → c a → b a → c

b → c

7.7 数组用作函数参数

数组可以作为函数的参数使用，进行数据传送。数组用作函数参数有两种形式，一种是数组元素（下标变量）用作实参，另一种是数组名用作函数参数。

7.7.1 数组元素用作函数实参

数组元素就是下标变量，它与普通变量并无区别。因此它用作实参与普通变量是完全相同的。

在发生函数调用时，把作为实参的数组元素的值传送给形参，实现单向的值传送。

【例 7-7】判别一个整数数组中各元素的值，若大于 0 则输出该值，若小于等于 0 则输出 0 值。程序如下。

```
#include <stdio.h>
void nzp（int v）
{
    if（v>0）
        printf（"%d", v）;
    else
        printf（"%d", 0）;
}
int main（）
{
    int a[5], i;
```

```
    printf（"input 5 numbers\n"）;
    for（i=0；i<5；i++）
      {
        scanf（"%d", &a[i]）;
        nzp（a[i]）;
      }
    return 0;
}
```

此程序中首先定义了一个无返回值函数 nzp，并说明了其形参 v 为整型变量。在函数体中根据 v 值输出相应的结果。在 main 函数中用一个 for 语句输入数组各元素，每输入一个就以该元素作为实参调用一次 nzp 函数，即把 a[i] 的值传送给形参 v，供 nzp 函数使用。

7.2.2　数组名用作函数参数

数组名用作函数参数与数组元素用作实参有几点不同。

（1）数组元素用作实参时，只要数组类型和函数的形参的类型一致，那么作为下标变量的数组元素的类型也和函数形参的类型是一致的。因此，并不要求函数的形参也是下标变量。换句话说，对数组元素的处理是按普通变量对待的。数组名用作函数参数时，则要求形参和相对应的实参必须是类型相同的数组，都必须有明确的数组说明。当形参和实参不一致时，即会发生错误。

（2）普通变量或下标变量用作函数参数时，形参变量和实参变量是由 C 语言编译系统分配的两个不同的内存单元。在函数调用时发生的值传送是把实参变量的值赋给形参变量。数组名用作函数参数时，不是进行值的传送，即不是把实参数组的每一个元素的值都赋给形参数组的各个元素。因为实际上形参数组并不存在，C 语言编译系统不为形参数组分配内存。那么，数据的传送是如何实现的呢？前面介绍过，数组名就是数组的首地址，因此数组名用作函数参数时所进行的传送只是地址的传送，也就是说把实参数组的首地址赋给形参数组名。形参数组名取得该首地址之后，也就等于有了实在的数组。实际上形参数组和实参数组为同一数组，共同拥有一段内存空间。图 7-3 说明了这种情况。

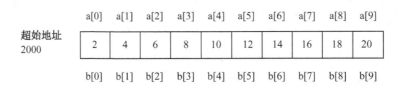

图 7-3　实参数组和形参数组

图 7-3 中设 a 为实参数组，类型为整型。a 占有以 2000 为首地址的一块内存区。b 为形参数组名。当发生函数调用时，进行地址传送，把实参数组 a 的首地址传送给形参数组名 b，于是 b 也取得该地址 2000。于是 a，b 两数组共同占有以 2000 为首地址的一段连续内存单元。从图 7-3 中还可以看出 a 和 b 下标相同的元素实际上也占相同的两个内存单元

（整型数组每个元素占二字节）。

例如，a[0] 和 b[0] 都占用 2000 和 2001 单元，当然 a[0] 等于 b[0]。类推则有 a[i] 等于 b[i]。

【例 7-8】数组 a 中存放了一个学生 5 门课程的成绩，求平均成绩。程序如下。

```c
#include <stdio.h>
float aver（float a[5]）
{
    int i;
    float av, s=a[0];
    for（i=1；i<5；i++）
        s=s+a[i];
    av=s/5;
    return av;
}
int main（）
{
    float sco[5], av;
    int i;
    printf（"\ninput 5 scores：\n"）;
    for（i=0；i<5；i++）
        scanf（"%f", &sco[i]）;
    av=aver（sco）;
    printf（"average score is %5.2f", av）;
    return 0;
}
```

此程序首先定义了一个实型函数 aver，有一个形参为实型数组 a，长度为 5。在 aver 函数中，把数组 a 各元素值相加求出平均值，返回给主函数。主函数 main 中首先完成数组 sco 的输入，然后以 sco 作为实参调用 aver 函数，函数返回值送 av，最后输出 av 值。从运行情况可以看出，程序实现了所要求的功能。

（3）前面已经讨论过，变量用作函数参数时，所进行的值传送是单向的，即只能从实参传向形参，不能从形参传回实参。形参的初值和实参相同，而形参的值发生改变后，实参并不变化，两者的终值是不同的。而数组名用作函数参数时情况则不同。由于实际上形参和实参为同一数组，因此当形参数组发生变化时，实参数组也随之变化。当然这种情况不能理解为发生了"双向"的值传递。但从实际情况来看，调用函数之后实参数组的值将由于形参数组值的变化而变化。

【例 7-9】题目同例 7-7。数组名用作函数参数，程序如下。

```c
#include <stdio.h>
void nzp（int a[5]）
```

```
{
    int i;
    printf（"\nvalues of array a are：\n"）;
    for（i=0；i<5；i++）
      {
        if（a[i]<0）a[i]=0;
        printf（"%d", a[i]）;
      }
}
int main（）
{
    int b[5], i;
    printf（"\ninput 5 numbers：\n"）;
    for（i=0；i<5；i++）
      scanf（"%d", &b[i]）;
    printf（"initial values of array b are：\n"）;
    for（i=0；i<5；i++）
      printf（"%d", b[i]）;
    nzp（b）;
    printf（"\nlast values of array b are：\n"）;
    for（i=0；i<5；i++）
      printf（"%d", b[i]）;
    return 0;
}
```

此程序中函数 nzp 的形参为整型数组 a，长度为 5。主函数中实参数组 b 也为整型，长度也为 5。在主函数中首先输入数组 b 的值，然后输出数组 b 的初始值。然后，以数组 b 的数组名为实参调用 nzp 函数。在 nzp 函数中，按要求把负值单元清 0，并输出形参数组 a 的值。返回主函数之后，再次输出数组 b 的值。从运行结果可以看出，数组 b 的初值和终值是不同的，数组 b 的终值和数组 a 是相同的。这说明实参形参为同一数组，它们的值同时得以改变。

数组名用作函数参数还应注意以下几点。

（1）形参数组和实参数组的类型必须一致，否则将引起错误。

（2）形参数组和实参数组的长度可以不相同，因为在调用时，只传送首地址而不检查形参数组的长度。当形参数组的长度与实参数组不一致时，虽不至于出现语法错误（编译能通过），但程序执行结果将与实际不符，这是应予以注意的。

【例 7-10】对例 7-9 中程序进行修改，修改后程序如下。

```
#include <stdio.h>
void nzp（int a[8]）
```

```
{
    int i;
    printf（"\nvalues of array aare：\n"）;
    for（i=0；i<8；i++）
      {
        if（a[i]<0）a[i]=0;
        printf（"%d "，a[i]）;
      }
}
int main（）
{
    int b[5]，i;
    printf（"\ninput 5 numbers：\n"）;
    for（i=0；i<5；i++）
      scanf（"%d"，&b[i]）;
    printf（"initial values of array b are：\n"）;
    for（i=0；i<5；i++）
      printf（"%d "，b[i]）;
    nzp（b）;
    printf（"\nlast values of array b are：\n"）;
    for（i=0；i<5；i++）
      printf（"%d"，b[i]）;
    return 0;
}
```

此程序与例 7-9 中程序相比，nzp 函数的形参数组长度改为 8，函数体中，for 语句的循环条件也改为 i<8。因此，形参数组 a 和实参数组 b 的长度不一致。编译能够通过，但从结果看，数组 a 的元素 a[5]，a[6]，a[7] 显然是无意义的。

（3）在函数形参表中，允许不给出形参数组的长度，或用一个变量来表示数组元素的个数。例如，可以写为

　　void nzp（int a[]）

或

　　void nzp（int a[]，int n）

其中形参数组 a 没有给出长度，而由 n 值动态地表示数组的长度。n 的值由主调函数的实参进行传送。

由此，例 7-10 中的程序又可改为例 7-11 中的形式。

【例 7-11】程序如下。

```
#include <stdio.h>
void nzp（int a[], int n）
```

```
{
    int i;
    printf（"\nvalues of array a are：\n"）;
    for（i=0；i<n；i++）
        {
            if（a[i]<0）a[i]=0;
            printf（"%d", a[i]）;
        }
}
int main（）
{
    int b[5], i;
    printf（"\ninput 5 numbers：\n"）;
    for（i=0；i<5；i++）
        scanf（"%d", &b[i]）;
    printf（"initial values of array b are：\n"）;
    for（i=0；i<5；i++）
        printf（"%d ", b[i]）;
    nzp（b, 5）;
    printf（"\nlast values of array b are：\n"）;
    for（i=0；i<5；i++）
        printf（"%d", b[i]）;
    return 0;
}
```

此程序中 nzp 函数形参数组 a 没有给出长度，由 n 动态确定该长度。在 main 函数中，函数调用语句为 nzp（b，5），其中实参 5 将赋给形参 n，作为形参数组的长度。

（4）多维数组也可以用作函数的参数。在函数定义时对形参数组可以指定每一维的长度，也可省去第一维的长度。因此，以下写法都是合法的。

int MA（int a[3][10]）

或

int MA（int a[][10]）

7.8　局部变量和全局变量

在讨论函数的形参变量时曾提到，形参变量只在被调用期间才被分配内存单元，调用结束立即释放。这一点表明形参变量只有在函数内才是有效的，离开该函数就不能再使用了。这种变量有效性的范围称变量的作用域。不仅是形参变量，C 语言中所有的量都有自己的作用域。变量说明的方式不同，其作用域也不同。C 语言中的变量按作用域范围可分为两种，即局部变量和全局变量。

7.8.1　局部变量

局部变量也称内部变量。局部变量是在函数内用作定义说明的，其作用域仅限于函数内，离开该函数后再使用这种变量是非法的。

例如：

```
int f1（int a）  /* 函数 f1*/
{
   int b, c;
   ……
}
/* 在 f1 函数的范围内 a, b, c 有效 */
int f2（int x）   /* 函数 f2*/
{
   int y, z;
   ……
}
/* 在 f2 函数的范围内 x, y, z 有效 */
int main ()
{
   int m, n;
   ……
}
/* 在 main 函数的范围内 m, n 有效 */
```

在 f1 函数内定义了三个变量，a 为形参，b，c 为一般变量。在 f1 函数的范围内 a，b，c 有效，或者说变量 a, b, c 的作用域限于 f1 函数内。同理，x, y, z 的作用域限于 f2 函数内。m，n 的作用域限于 main 函数内。关于局部变量的作用域还要说明以下几点。

（1）主函数中定义的变量只能在主函数中使用，不能在其他函数中使用。同时，主函数中也不能使用其他函数中定义的变量。这是因为主函数也是一个函数，它与其他函数是平行关系。这一点是 C 语言与其他语言不同的地方，应予以注意。

（2）形参变量是属于被调函数的局部变量，实参变量是属于主调函数的局部变量。

（3）允许在不同的函数中使用相同的变量名，它们代表不同的对象，被分配不同的内存单元，互不干扰，也不会发生混淆。如在例 7-11 中，形参和实参的变量名都为 n，是完全允许的。

（4）在复合语句中也可定义变量，其作用域只在复合语句范围内。

例如：

```
main ()
```

```
    {
        int s, a;
        ……
        {
            int b;
            s=a+b;
            ……    /*b 的作用域 */
        }
        ……    /*s, a 的作用域 */
    }
```

【例 7-12】程序如下。

```
#include <stdio.h>
int main ( )
{
    int i=2, j=3, k;
    k=i+j;
    {
        int k=8;
        printf ( "%d\n", k ) ;
    }
    printf ( "%d\n%d\n", i, k ) ;
    return 0;
}
```

此程序在 main 函数中定义了 i，j，k 三个变量，其中 k 未赋初值，在复合语句内又定义了一个变量 k，并赋初值为 8。应该注意这两个 k 不是同一个变量。在复合语句外由 main 函数中定义的 k 起作用，而在复合语句内则由复合语句内定义的 k 起作用。因此，程序第 5 行的 k 为 main 函数中定义的，其值应为 5。第 8 行输出 k 值，该行在复合语句内，由复合语句内定义的 k 起作用，其初值为 8，故输出值为 8，第 10 行输出 i 值和 k 值。i 是在整个程序中有效的，第 4 行对 i 赋值为 2，故以输出也为 2。而第 10 行已在复合语句之外，输出的 k 应为 main 函数中定义的 k，此 k 值在第 5 行已获得值，为 5，故输出也为 5。

7.8.2 全局变量

全局变量也称外部变量，它是在函数外部定义的变量。它不属于哪一个函数，它属于一个 C 语言程序文件，其作用域是整个 C 语言程序。在函数中使用全局变量，一般应作全局变量说明。只有在函数内经过说明的全局变量才能使用。全局变量的说明符为 extern。但在一个函数之前定义的全局变量，在该函数内使用可不再加以说明。

例如：

```
int a, b;    /* 外部变量 */
void f1 ()   /*f1 函数 */
{
    ……
}
float x, y;   /* 外部变量 */
int fz ()   /*fz 函数 */
{
    ……
}
main ()   /* 主函数 */
{
    ……
}
```

a, b, x, y 都是在函数外部定义的外部变量, 都是全局变量。但 x, y 定义在 f1 函数之后, 而在 f1 函数内又无对 x, y 的说明, 所以它们在 f1 函数内无效。a, b 定义在程序最前面, 因此在 f1 函数、f2 函数及 main 函数内不加说明也可使用它们。

【例 7-13】输入正方体的长宽高 l, w, h, 求体积及三个面的面积。程序如下。

```
#include <stdio.h>
int s1, s2, s3;
int vs ( int a, int b, int c )
{
    int v;
    v=a*b*c;
    s1=a*b;
    s2=b*c;
    s3=a*c;
    return v;
}
int main ()
{
    int v, l, w, h;
    printf ( "\ninput length, width and height\n" );
    scanf ( "%d%d%d", &l, &w, &h );
    v=vs ( l, w, h );
    printf ( "\nv=%d, s1=%d, s2=%d, s3=%d\n", v, s1, s2, s3 );
    return 0;
}
```

【例7-14】外部变量与局部变量同名。程序如下。

```
#include <stdio.h>
int a=3, b=5; /*a, b 为外部变量 */
int max（int a, int b） /*a, b 为局部变量 */
{
    int c;
    c=a>b?a: b;
    return（c）;
}
int main（）
{
    int a=8;
    printf（"%d\n", max（a, b））;
    return 0;
}
```

如果同一个程序文件中，外部变量与局部变量同名，则在局部变量的作用范围内，外部变量被"屏蔽"，即它不起作用。

7.9　变量的存储类别

7.9.1　静态存储方式与动态存储方式

前面已经介绍过，从变量的作用域（即从空间）角度来分，变量可以分为全局变量和局部变量。

从变量值存在的作用时间（即生存期）角度来分，变量的存储方式可以分为静态存储方式和动态存储方式。

静态存储方式是指在程序运行期间分配固定的存储空间的存储方式。

动态存储方式是指在程序运行期间根据需要动态分配存储空间的存储方式。

用户存储空间可以分为三个部分，如图7-4所示。

用户存储空间

| 程序区 |
| 静态存储区 |
| 动态存储区 |

图7-4　用户存储空间

全局变量全部存放在静态存储区，在程序开始执行时给全局变量分配存储空间，程序运行完毕就释放这些空间。在程序执行过程中它们占据固定的存储单元，而不动态地进行分配和释放。

动态存储区存放以下数据。

（1）函数形式参数；

（2）自动变量（未加 static 声明的局部变量）；

（3）函数调用时的现场保护和返回地址。

对以上这些数据，在函数开始调用时分配动态存储空间，函数结束时释放这些空间。在 C 语言中，每个变量和函数有两个属性：数据类型和数据的存储类别。

7.9.2 自动变量和静态局部变量

1. 自动变量

函数中的局部变量，如不专门声明为 static 存储类别，都是动态地分配存储空间的，数据存储在动态存储区中。函数中的形参和在函数中定义的变量（包括在复合语句中定义的变量），都属此类，在调用该函数时系统会给它们分配存储空间，在函数调用结束时就自动释放这些存储空间。这类局部变量称为自动变量 auto 变量。自动变量用关键字 auto 进行存储类别的声明。

例如：

```
int f（int a）        /* 定义 f 函数，a 为参数 */
{
   auto int b，c=3;          /* 定义 b，c 自动变量 */
   ……
}
```

其中，a 是形参，b 和 c 是自动变量，对 c 赋初值 3。执行完 f 函数后，自动释放 a，b，c 所占的存储单元。关键字 auto 可以省略，auto 不写则隐含定为"自动存储类别"，属于动态存储方式。

2. 静态局部变量

有时希望函数中的局部变量的值在函数调用结束后不消失而保留原值，这时就应该指定局部变量为"静态局部变量"，用关键字 static 进行声明。

【例 7-15】考察静态局部变量的值。程序如下。

```
#include <stdio.h>
f（int a）
{
  auto b=0;
  static c=3;
  b=b+1;
  c=c+1;
  return（a+b+c）;
}
int main（）
```

```
{
    int a=2, i;
    for（i=0；i<3；i++）
       printf（"%d", f（a））；
    return 0；
}
```

对静态局部变量的说明如下。

（1）静态局部变量的存储方式为属于静态存储方式，在静态存储区内分配存储单元。在程序整个运行期间都不释放。而自动变量（即动态局部变量）的存储方式为动态存储方式，占动态存储空间，函数调用结束后即释放。

（2）静态局部变量在编译时赋初值，即只赋初值一次；而对自动变量赋初值在函数调用时进行，每调用一次函数重新赋一次初值，相当于执行一次赋值语句。

（3）如果在定义局部变量时不赋初值，则对静态局部变量来说，编译时自动赋初值0（对数值型变量）或空字符（对字符变量）。而对自动变量来说，如果不赋初值则它的值是一个不确定的值。

【例7-16】打印1到5的阶乘值。程序如下。

```
#include <stdio.h>
int fac（int n）
{
    static int f=1；
    f=f*n；
    return（f）；
}
int main（）
{
    int i；
    for（i=1；i<=5；i++）
       printf（"%d!=%d\n", i, fac（i））；
    return 0；
}
```

7.9.4 寄存器变量

为了提高效率，C语言允许将局部变量的值放在CPU中的寄存器中，这种变量叫寄存器变量（register变量），用关键字register作声明。

【例7-17】使用寄存器变量。

```
#include <stdio.h>
int fac（int n）
{
```

```
  register int i，f=1；
  for（i=1；i<=n；i++）
    f=f*i；
  return（f）；
}
int main（）
{
  int i；
  for（i=0；i<=5；i++）
    printf（"%d!=%d\n"，i，fac（i））；
  return 0；
}
```

说明：

（1）只有自动变量和形式参数可以作为寄存器变量；

（2）一个计算机系统中的寄存器数目有限，不能定义任意多个寄存器变量；

（3）静态局部变量不能定义为寄存器变量。

7.9.5 用 extern 声明外部变量

外部变量（即全局变量）是在函数的外部定义的，它的作用域为从变量定义处开始，到本程序文件的末尾。如果外部变量不在文件的开头定义，其有效的作用范围只限于定义处到文件终了。如果在定义点之前的函数想引用该外部变量，则应该在引用之前用关键字 extern 对该变量作"外部变量声明"，表示该变量是一个已经定义的外部变量。有了此声明，就可以从声明处起合法地使用该外部变量。

【例 7-18】用 extern 声明外部变量，扩展其在程序文件中的作用域。程序如下。

```
#include <stdio.h>
int max（int x, int y）
{
  int z；
  z=x>y?x：y；
  return（z）；
}
int main（）
{
  extern A，B；
  printf（"%d\n", max（A，B））；
  return 0；
}
int A=13, B=-8；
```

此程序的最后一行定义了外部变量 A，B，但由于外部变量定义的位置在 main 函数之后，因此本来在 main 函数中不能引用外部变量 A，B。在 main 函数中用 extern 对 A 和 B 进行"外部变量声明"，就可以从声明处起合法地使用外部变量 A 和 B。

实验 10 函 数 （1）

一、实验目的

1. 掌握 C 语言函数定义及调用的规则。

2. 掌握实际参数和形式参数数据传递。

二、实验内容

1. 写出下列程序的运行结果

（1）程序如下。

```
#include <stdio.h>
void f（int x, int y）
{
    x=x+1;
    y=y+1;
}
int main（）
{
    int a=1, b=2;
    f（a, b）;
    printf（"%d, %d\n", a, b）;
    return 0;
}
```

运行结果：

结果分析：

（2）程序如下。

```
#include <stdio.h>
void fun（int a）
{
    a=a+3;
    printf（"%d, ", a）;
}
```

```
  int main ()
{
    int a=3;
    fun (a);
    printf ("%d\n", a);
    return 0;
}
```

运行结果:

结果分析:

（3）程序如下。

```
#include <stdio.h>
int fun (int x)
{
    static int a=3;
    a=a+x;
    return a;
}
int main ()
{
    int k=2, m=1, n;
    n=fun (k);
    n=fun (m);
    printf ("%d\n", n);
    return 0;
}
```

运行结果:

结果分析:

（4）程序如下。

```
#include <stdio.h>
int m=5;
```

```
int main ( )
{
    int a=2;
    a=fun ( a ) ;
    printf ( "a=%d\n", a+m ) ;
    return 0;
}
int fun ( int x )
{
    int m=3;
    m=m+x;
    return ( m ) ;
}
```

运行结果:

结果分析:

2. 上机调试下面的程序，记录系统给出的出错信息，并指出出错原因。

```
main ( )
{
    int  x, y;
    printf ( "%d\n", sum ( x+y ) ) ;
    int sum ( a, b )
{
    int a, b;
    return ( a+b ) ;
}
}
```

3. 试着编写一函数求 1+2+3+…+n。

4. 求 n!，用函数实现。

5. 编写函数求两数中的大数。

6. 编写函数求 y=2x+1。

7. 有一个函数，定义如下。

$$y = f(x) = \begin{cases} 2x-1 & (x<0) \\ 2x & (10>x \geq 0) \\ 3x+1 & (x \geq 10) \end{cases}$$

要求用函数实现编程。

8. 编写递归函数，求 Fibonacci 数列的第 n 项，其中 n 由参数传递，并在主函数中调用该函数输出数列的前 20 项。

9. 编写一函数，实现用冒泡法将数组元素按由大到小的顺序排列，排序的数组及参与排序的元素个数由参数传递。

10. 编写一函数，实现用选择法将数组元素按由小到大的顺序排列，排序的数组及参与排序的元素个数由参数传递。

三、思考题

如何设计要定义的函数？

四、实验报告

1. 分析整理程序运行结果，完成实验报告，要求报告书写字迹清晰、格式规范。
2. 总结函数的用途和定义的方法。

实验 11 函 数 （2）

一、实验目的

1. 掌握 C 语言中函数的简单应用。
2. 熟练掌握 C 语言中函数的使用方法

二、实验内容

1. 读下面的程序，写出运行结果，并在 Visual C++ 6.0 上验证运行结果。

（1）分析下面程序中最终 a 和 b 的值。

```c
#include<stdio.h>
void f（int x, int y）
{
    x=x+1;
    y=y+1;
}
int main（）
{
  int a, b;
  printf（"a="）;
  scanf（"%d", &a）;
  printf（"\n"）;
  printf（"b="）;
  scanf（"%d", &b）;
  printf（"\n"）;
  f（a, b）;
  printf（"a=%d, b=%d\n", a, b）;
  return 0;
}
```

运行结果：

结果分析：

（2）分析下面程序的执行过程和最终 r 的值。

```
#include<stdio.h>
int func（int a, int b）
{
    return （a+b）;
}
int main（）
{
    int x=2, y=5, z=8, r;
    r=func（func（x, y）, z）;
    printf（"r=%d\n", r）;
    return 0;
}
```

运行结果：

结果分析：

（3）通过键盘输入任意一个数，用函数计算它的阶乘。

```
#include<stdio.h>
int main（）
{
    int fac（int n）;
    int n, sum;
    printf（"please input the data："）;
    scanf（"%d", &n）;
    if（n==0）
        sum=0;
    else
        sum=fac（n）;
    printf（"%d!=%d\n", n, sum）;
    return 0;
}
int fac（int n）
{
    int i, s;
    for（i=1, s=1; i<=n; i++）
```

```
    s=s*i;
  return s;
}
```
运行结果：

结果分析：

（4）求长度为 10 的整型数组中的最大数。程序如下。
```
#include<stdio.h>
int main ()
{
  int max (int, int) ;
  int arraymax (int a[]) ;
  int arr[10], m, i;
  for (i=0; i<10; i++)
     scanf ("%d", &arr[i]) ;
  m=arraymax (arr) ;
  printf ("m=%d", m) ;
  return 0;
}
int max (int x, int y)
{
  return ((x>y) ?x: y) ;
}
int arraymax (int a[])
{
  int max (int, int) ;
  int i, t;
  for (i=1, t=a[0]; i<10; i++)
     t=max (t, a[i]) ;
  return t;
}
```
运行结果：

结果分析：

（5）程序如下。
```c
#include<stdio.h>
int main（  ）
{
    int i=2, x=5, j=7；
    fun（j, 6）；
    printf（"i=%d；j=%d；x=%d\n", i, j, x）；
    return 0；
}
void fun（int iint j）
{
    int x=7；
    printf（"i%d；j=%d；x=%d\n", i, j, x）；
}
```
运行结果：

结果分析：

（6）程序如下。
```c
#include<stdio.h>
int main（  ）
{
    increment（  ）；
    increment（  ）；
    increment（  ）；
    return 0；
}
int increment（  ）
{
    int x=0；
    x+=1；
    printf（"%d", x）；
```

```
  return 0;
}
```

运行结果：

结果分析：

（7）程序如下。

```
double f（int n）
{
  int i;
  double s;
  s=1.0;
  for（i=1；i<=n；i++）
    s+=1.0/i;
  return s；  }
```

运行结果：

结果分析：

（8）程序如下。

```
#include<stdio.h>
int main（  ）
{
  int i, m=3;
  float a=0.0;
  for（i=0；i<m；i++）
    a+=f（i）；
  printf（"%f\n", a）；
  return 0;
}
```

运行结果：

结果分析：

（9）程序如下。

```c
#include<stdio.h>
int main（ ）
{
  int a = 2, i ;
  for（ i = 0 ; i < 3 ; i + + ）
    printf（"% 4 d",f（a））;
  return 0;
}
void f（ int a）
{
  int b = 0 ;
  static int c = 3 ;
  b + + ;  c + + ;
}
```

运行结果：

结果分析：

（10）程序如下。

```c
# include "stdio.h"
int main（ ）
{
  int k = 4, m = 1, p ;
  p = func（ k, m）;
  printf（"% d,",p）;
  p = func（ k, m）;
  printf（"% d\n",p）;
  return 0;
}
int func（ int a, int b）
{
  static int m = 0, i = 2;
```

```
    i+ = m+1;
    m = i + a +b;
    return （m）;
}
```

运行结果：

结果分析：

（11）程序如下。

```
#include <stdio.h>
void fun（int *p）
{
    int a=10;
    p=&a;
    ++a;
}
int  main（ ）
{
    int a=5;
    fun （&a）;
    printf （"%d\n", a）;
    return 0;
}
```

运行结果：

结果分析：

2. 程序填空。

（1）通过调用函数求 a+b 的和。程序如下。

```
#include <stdio.h>
float add（float x, float y）
{
    float z;
    z=_____;
```

```
      return z ;
}
int main ( )
{
    float a, b, c;
    scanf ( "%f, %f", &a, &b ) ;
    c=add ( a, b ) ;
    printf ( "%f", c ) ;
    return 0;
}
```

（2）通过键盘输入任意一个数，用函数计算它的阶乘。程序如下。

```
#include <stdio.h>
int  f ( int a )
{
    long int  i, t=1;
    for ( i=1; i<=a; i++ )
      t=t*i;
    return_____
}
int main ( )
{
    long int x;
    scanf ( "%ld", &x ) ;
    printf ( "%ld", f ( x ) ) ;
    return 0;
}
```

3. 程序改错。

（1）用函数求两实数之积。程序如下。

```
① float up ( float, float ) ;
② #include <stdio.h>
   int main ( )
③ {
    float a, b;
④ scanf ( "%f, %f", &a, &b ) ;
⑤ printf ( "%f", up ( float a, float b ) ) ;
   }
⑥ float up ( float x, float y )
⑦ {return ( x*y ) ;
   }
```

错误及其分析：

（2）用函数求两整数的最大值。程序如下。

① max（int a, int b）;

② {return（a>b?a：b）; }

③ #include <stdio.h>

　int main（）

④ {

　int x, y;

⑤ scanf（"%d%d", &x, &y）;

⑥ printf（"max=%d\n", max（x, y））;

　}

错误及其分析：

（3）用函数求两实数之和。程序如下。

① #include<stdio.h>

② #include <stdio.h>

　int main（）

③ {

④ int add（float, float）;

⑤ float a=10.0, b=20.0, c;

⑥ c=add（a, b）;

⑦ printf（"c=%f\n", c）;

　}

⑧ float add（float i, float j）

　{

⑨ float k;

⑩ k=i+j;

　return（k）;

　}

错误及其分析：

4. 程序设计。

（1）采用函数调用的方法，输入两个正整数 m 和 n，求其最大公约数和最小公倍数。

（2）编写一个函数，求出一个正整数的所有因子。

（3）编写一个能够对数组按照由小到大的顺序进行排序的函数，并在主函数中调用，验证其正确性。

（4）编写程序，以下内容全部用函数实现。

①求出一个正整数的所有因子。如：72=2*2*2*3*3。

②判断某数是否是水仙花数。

③判断某数是否是完数。

④判断某数是否是素数。

（5）若将某一素数的各位数字的顺序颠倒后得到的数仍是素数，则此素数为可逆素数。编写一个判断某数是否是可逆素数的函数，在主函数中输入一个整数，调用此函数进行判断。

（6）编写自定义函数求三个整数中最大的数，a，b，c作为参数传递给函数，最大数在主函数中输出。

三、思考题

1. 对于包括多个函数的结构化的程序，往往会出现函数彼此间相互调用，此时，函数声明应该加在什么位置上才能保证调用时编译不报错？

2. 数组用作函数的参数时，传递的是数组的名字还是数组首元素的地址？

四、实验报告

1. 分析整理程序运行结果，完成实验报告，要求报告书写字迹清晰、格式规范。

2. 完成思考题，并归纳总结常用字符串函数的使用方法和作用。

第 8 章 指 针

指针是 C 语言中广泛使用的一种数据类型。运用指针编程是 C 语言最主要的特点之一。利用指针变量可以表示各种数据结构，能很方便地使用数组和字符串，并能像汇编语言一样处理内存地址，从而编出精练而高效的程序。指针极大地丰富了 C 语言的功能。学习指针是学习 C 语言中最重要的一环，能否正确理解和使用指针是是否掌握 C 语言的一个标志。同时，指针也是 C 语言中学习难度最大的一部分，在对指针的学习中除了要正确理解基本概念，还必须要多编程，上机调试。只要做到这些，指针也是不难掌握的。

8.1 指针的基本概念

在计算机中，所有的数据都是存放在存储器中的。一般把存储器中的一个字节称为一个内存单元，不同的数据类型所占用的内存单元数不等，如整型量占 2 个内存单元，字符量占 1 个内存单元等，在前面已有详细的介绍。为了正确地访问这些内存单元，必须为每个内存单元编号。根据一个内存单元的编号即可准确地找到该内存单元。内存单元的编号也叫作地址。因为根据内存单元的编号或地址就可以找到所需的内存单元，所以通常也把这个地址称为指针。内存单元的指针和内存单元的内容是两个不同的概念。可以用一个通俗的例子来说明它们之间的关系。我们到银行去存取款时，银行工作人员将根据我们的账号去找我们的存款单，找到之后在存单上写入存取款的金额。在这里，账号就是存单的指针，存款数是存单的内容。对于一个内存单元来说，其地址即为指针，其中存放的数据才是该单元的内容。在 C 语言中，允许用一个变量来存放指针，这种变量称为指针变量。因此，一个指针变量的值就是某个内存单元的地址（或称为某个内存单元的指针）。

图 8-1 中，设有字符变量 c，其内容为 'K'（ASCII 码为十进制数 75），c 占用了 011A 号单元（地址用十六进制数表示）。设有指针变量 p，内容为 011A，这种情况称 p 指向变量 c，或说 p 是指向变量 c 的指针。

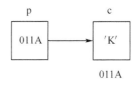

图 8-1 变量、地址及其内容示意图

严格地说，一个指针是一个地址，是一个常量。而一个指针变量却可以被赋给不同的指针值，是变量。但常把指针变量简称为指针。为了避免混淆，本书约定："指针"指地址，是常量，"指针变量"指取值为地址的变量。定义指针的目的是通过指针去访问内存单元。

指针变量的值是一个地址，这个地址不仅可以是变量的地址，也可以是其他数据结构的地址。在一个指针变量中存放一个数组或一个函数的首地址有何意义呢？数组或函数都是连续存放的，通过访问指针变量取得了数组或函数的首地址，也就找到了该数组或函数。这样一来，凡是出现数组或函数的地方都可以用一个指针变量来表示，只要赋给该指针变量数组或函数的首地址即可。这样做，将会使程序的概念十分清楚，程序本身也精练、高效。在 C 语言中，一种数据类型或数据结构往往都占有一组连续的内存单元，用"地址"这个概念并不能很好地描述一种数据类型或数据结构，而"指针"虽然实际上也是一个地址，但它却是一个数据结构的首地址，它是"指向"一个数据结构的，因而概念更为清楚，表示更为明确。这也是引入"指针"概念的一个重要原因。

8.2　变量的指针和指向变量的指针变量

变量的指针就是变量的地址。存放变量地址的变量是指针变量。在 C 语言中，允许用一个变量来存放指针，这种变量称为指针变量。因此，一个指针变量的值就是某个变量的地址（或称为某个变量的指针）。

为了表示指针变量和它所指向的变量之间的关系，在程序中用 * 表示"指向"，例如，i_pointer 代表指针变量，而 *i_pointer 是 i_pointer 所指向的变量。

因此，下面两个语句作用相同。

i=3;

*i_pointer=3;

第二个语句的含义是将 3 赋给指针变量 i_pointer 所指向的变量。

8.2.1　指针变量的定义

对指针变量的定义包括以下三部分内容。

（1）指针类型说明，即定义变量为一个指针变量；

（2）指针变量名；

（3）变量值（指针）所指向的变量的数据类型。

指针变量的定义的一般形式：

类型说明符 * 变量名；

其中，* 表示这是一个指针变量，变量名即为定义的指针变量名，类型说明符表示本指针变量所指向的变量的数据类型。

例如：

int *p1;

其表示 p1 是一个指针变量，它的值是某个整型变量的地址，或者说 p1 指向一个整型变量。至于 p1 究竟指向哪一个整型变量，应由 p1 被赋给的地址来决定。

再如：

int *p2;　　　　/*p2 是指向整型变量的指针变量 */

float *p3；　　/*p3 是指向浮点型变量的指针变量 */

char *p4；　　/*p4 是指向字符变量的指针变量 */

应该注意的是，一个指针变量只能指向同类型的变量，如 p3 只能指向浮点型变量，不能时而指向一个浮点型变量，时而指向一个字符变量。

8.2.2　指针变量的引用

指针变量同普通变量一样，使用之前不仅要定义说明，而且必须被赋给具体的值。未经赋值的指针变量不能使用，否则将造成系统混乱，甚至死机。指针变量的赋值只能赋给地址，决不能赋给任何其他数据，否则将引起错误。在 C 语言中，变量的地址是由 C 语言编译系统分配的，对用户完全透明。

两个有关的运算符：

（1）&：取地址运算符。

（2）*：取内容运算符（或称间接访问运算符）。

C 语言中提供了取地址运算符 & 来表示变量的地址。

其一般形式：

& 变量名；

如：&a 表示变量 a 的地址，&b 表示变量 b 的地址。变量本身必须预先说明。

设有指向整型变量的指针变量 p，如要把整型变量 a 的地址赋给 p 可以有以下两种方式：

（1）指针变量初始化的方法

int a；

int *p=&a；

（2）赋值语句的方法

int a；

int *p；

p=&a；

不允许把一个数赋给指针变量，故下面的赋值是错误的。

int *p；

p=1000；

被赋值的指针变量前不能再加取内容运算符 *，如写为 *p=&a 也是错误的。假设：

int i=200，x；

int *ip；

定义了两个整型变量 i，x，还定义了一个指向整型数的指针变量 ip。i，x 中可存放整数，而 ip 中只能存放整型变量的地址。可以把 i 的地址赋给 ip：

ip=&i；

此时指针变量 ip 指向整型变量 i，假设变量 i 的地址为 1800，这个赋值可形象理解为图 8-2 所示的联系。

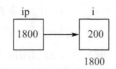

图 8-2　指针变量赋值示意图

此后便可以通过指针变量 ip 间接访问变量 i，例如：

x=*ip；

取内容运算符 * 访问以 ip 为地址的存储区域，而 ip 中存放的是变量 i 的地址，因此，*ip 访问的是地址为 1800 的存储区域（因为是整数，所以实际上是从 1800 开始的两个字节），它就是 i 所占用的存储区域，所以上面的赋值表达式等价于

x=i；

另外，指针变量和一般变量一样，存放在其中的值是可以改变的，也就是说可以改变它们的指向，假设

int i，j，*p1，*p2；

i='a'；

j='b'；

p1=&i；

p2=&j；

则建立如图 8-3 所示的联系。

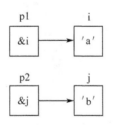

图 8-3　指针变量赋值示例（1）

这时赋值表达式 p2=p1 就使 p2 与 p1 指向同一对象 i，此时 *p2 就等价于 i，而不是 j，如图 8-4 所示。

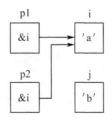

图 8-4　指针变量赋值示例（2）

如果执行如下语句：

*p2=*p1；

则表示把 p1 指向的内容赋给 p2 所指的区域，此时就变成如图 8-5 所示的情况。

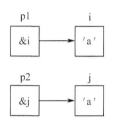

图 8-5　指针变量赋值示例（3）

通过指针访问它所指向的一个变量是以间接访问的形式进行的，所以比直接访问一个变量要费时间，而且不直观，因为通过指针要访问哪一个变量取决于指针的值（即指向），

例如：

*p2=*p1；

实际上就是

j=i；

前者不但速度慢而且目的不明。但由于指针是变量，可以通过改变它们的指向以间接访问不同的变量，具有灵活性，也使程序代码可以编写得更为简洁和有效。

指针变量可出现在表达式中，设

int x，y，*px=&x；

指针变量 px 指向整数 x，则 *px 可出现在 x 能出现的任何地方。例如：

y=*px+5；/* 表示把 px 的内容加 5 并赋给 y*/

y=++*px；/* 表示把 px 的内容加上 1 之后赋给 y，++*px 相当于 ++（*px）*/

y=*px++；/* 相当于 y=*px；*px++；*/

【例 8-1】程序如下。

```c
#include <stdio.h>
int main ()
{
 int a，b；
 int *pointer_1，*pointer_2；
 a=100；
 b=10；
 pointer_1=&a；
 pointer_2=&b；
 printf（"%d，%d\n"，a，b）；
 printf（"%d，%d\n"，*pointer_1，*pointer_2）；
```

```
    return 0;
}
```

对此程序的说明如下。

（1）在开头处虽然定义了两个指针变量 pointer_1 和 pointer_2，但它们并未指向任何一个整型变量，只是规定它们可以指向整型变量。程序第8行、第9行的作用就是使 pointer_1 指向 a，pointer_2 指向 b，如图8-6所示。

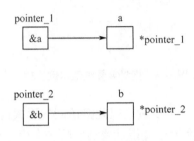

图8-6　例8-1说明

（2）第11行的 *pointer_1 和 *pointer_2 就是变量 a 和 b。最后两个 printf 函数的作用是相同的。

（3）程序中有两处出现 *pointer_1 和 *pointer_2，它们的含义不同。

（4）程序第8行、第9行的 pointer_1=&a 和 pointer_2=&b 不能写成 *pointer_1=&a 和 *pointer_2=&b。

请对下面的关于 & 和 * 的问题进行思考。

（1）如果已经执行了 "pointer_1=&a；" 语句，则 &*pointer_1 含义是什么？

（2）*&a 含义是什么？

（3）（pointer_1）++ 和 pointer_1++ 的区别是什么？

【例8-2】输入 a 和 b 两个整数，按先大后小的顺序输出 a 和 b。程序如下。

```
#include <stdio.h>
int main ()
{
  int *p1, *p2, *p, a, b;
  scanf ("%d, %d", &a, &b);
  p1=&a;
  p2=&b;
  if (a<b)
    {
    p=p1;
    p1=p2;
    p2=p;
```

```
    }
  printf（"\na=%d, b=%d\n", a, b）;
  printf（"max=%d, min=%d\n", *p1, *p2）;
  return 0;
}
```

8.2.3　指针变量用作函数的参数

函数的参数不仅可以是整型、实型、字符型等数据，还可以是指针类型的数据。它的作用是将一个变量的地址传送到另一个函数中。

【例 8-3】题目同例 8-2，即将输入的两个整数按先大后小顺序输出。用函数处理，而且用指针类型的数据做函数的参数。

```
#include <stdio.h>
void swap（int *p1，int *p2）
{
  int temp;
  temp=*p;
  *p1=*p2;
  *p2=temp;
}
int main（）
{
  int a，b;
  int *pointer_1，*pointer_2;
  scanf（"%d, %d", &a, &b）;
  pointer_1=&a;
  pointer_2=&b;
  if（a<b）swap（pointer_1, pointer_2）;
  printf（"\n%d, %d\n", a, b）;
  return 0;
}
```

对此程序的说明如下。

swap 函数是用户定义的函数，它的作用是交换两个变量（a 和 b）的值。swap 函数的形参 p1、p2 是指针变量。程序运行时，先执行 main 函数，输入 a 和 b 的值，然后将 a 和 b 的地址分别赋给指针变量 pointer_1 和 pointer_2，使 pointer_1 指向 a，pointer_2 指向 b。

接着执行 if 语句，由于 a<b，因此执行 swap 函数。实参 pointer_1 和 pointer_2 是指针变量，在函数调用时，将实参变量的值传递送给形参变量。采取的依然是"值传递"方式。因此形参 p1 的值为 &a，形参 p2 的值为 &b。这时 p1 和 pointer_1 指向变量 a，p2 和 pointer_2 指向变量 b，如图 8-7 所示。接着执行执行 swap 函数的函数体使 *p1 和 *p2 的值互换，也

就是使 a 和 b 的值互换，如图 8-8 所示。

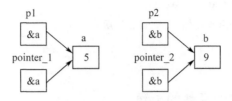

图 8-7　例 8-3 说明（1）

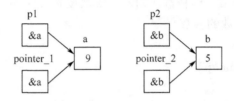

图 8-8　例 8-3 说明（2）

函数调用结束后，p1 和 p2 不复存在（已释放），如图 8-9 所示。

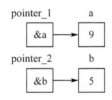

图 8-9　例 8-3 说明（3）

最后在 main 函数中输出的 a 和 b 的值是已经过交换的值。

请注意交换 *p1 和 *p2 的值是如何实现的。请找出下列程序段的错误。

```
swap（int *p1，int *p2）
{
 int *temp;
 *temp=*p1；/* 此语句有问题 */
 *p1=*p2;
 *p2=temp;
}
```

请考虑下面的函数能否实现实现 a 和 b 互换。

```
swap（int x，int y）
{
```

```
  int temp;
  temp=x;
  x=y;
  y=temp;
}
```

如果在 main 函数中用

swap（a，b）;

调用 swap 函数，会有什么结果呢？如图 8-10 所示。

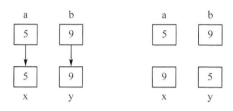

图 8-10 思考题说明

【例 8-4】不能通过改变指针形参的值而使指针实参的值改变。程序如下。

```
#include <stdio.h>
void swap（int *p1，int *p2）
{
  int *p;
  p=p1;
  p1=p2;
  p2=p;
}
int main（）
{
  int a，b;
  int *pointer_1，*pointer_2;
  scanf（"%d, %d"，&a，&b）;
  pointer_1=&a;
  pointer_2=&b;
  if（a<b）
     swap（pointer_1，pointer_2）;
  printf（"\n%d, %d\n"，*pointer_1，*pointer_2）;
  return 0;
}
```

此程序的问题在于不能实现图 8-11 所示的第四步（d）。

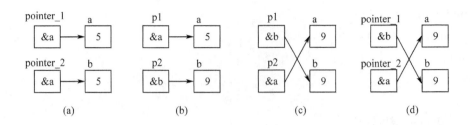

图 8-11   例 8-4 说明

【例 8-5】输入 a，b，c 三个整数，按从大到小的顺序输出。程序如下。

```c
#include <stdio.h>
void swap ( int *pt1, int *pt2 )
{
  int temp;
  temp=*pt1;
  *pt1=*pt2;
  *pt2=temp;
}
void exchange ( int *q1, int *q2, int *q3 )
{
  if ( *q1<*q2 ) swap ( q1, q2 );
  if ( *q1<*q3 ) swap ( q1, q3 );
  if ( *q2<*q3 ) swap ( q2, q3 );
}
int main ( )
{
  int a, b, c, *p1, *p2, *p3;
  scanf ( "%d, %d, %d", &a, &b, &c );
  p1=&a;
  p2=&b;
  p3=&c;
  exchange ( p1, p2, p3 );
  printf ( "\n%d, %d, %d \n", a, b, c );
  return 0;
}
```

8.2.4   对指针变量几个问题的进一步说明

指针变量可以进行某些运算，但其进行的运算的种类是有限的。它只能进行赋值运算和部分算术运算及关系运算。

1. 指针运算符

（1）取地址运算符 &：取地址运算符 & 是单目运算符，其结合性为自右至左，其功能是取变量的地址。

（2）取内容运算符 *：取内容运算符 * 是单目运算符，其结合性为自右至左，用来表示指针变量所指的变量。在 * 之后跟的变量必须是指针变量。

需要注意的是指针运算符 * 和指针变量说明中的指针说明符 * 不是一回事。在指针变量说明中，* 是类型说明符，表示其后的变量是指针类型。表达式中出现的 * 则是一个运算符，用以表示指针变量所指的变量。

【例 8-6】程序如下。

```
#include <stdio.h>
int main ( )
{
  int a=5, *p=&a;
  printf ( "%d", *p ) ;
  return 0;
}
```

此程序中指针变量 p 取得了整型变量 a 的地址，输出变量 a 的值。

2. 指针变量的运算

（1）赋值运算

指针变量的赋值运算有以下几种形式。

① 指针变量初始化赋值，前面已进行了介绍。

② 把一个变量的地址赋给指向相同数据类型变量的指针变量。

例如：

int a, *pa;

pa=&a;   /* 把整型变量 a 的地址赋给整型指针变量 pa*/

③ 把一个指针变量的值赋给指向相同数据类型变量的另一个指针变量。

例如：

int a, *pa=&a, *pb;

pb=pa; /* 把 a 的地址赋给指针变量 pb*/

由于 pa, pb 均为指向整型变量的指针变量，因此可以相互赋值。

④ 把数组的首地址赋给指向数组的指针变量。

例如：

int a[5], *pa;

pa=a;

数组名表示数组的首地址，故可赋给指向数组的指针变量 pa。也可写为

pa=&a[0]; /* 数组第一个元素的地址也是整个数组的首地址，也可赋给 pa*/

当然也可采取初始化赋值的方法：

int a[5], *pa=a;

⑤把字符串的首地址赋给指向字符类型数据的指针变量。

例如：

char *pc;

pc="C Language";

或用初始化赋值的方法：

char *pc="C Language";

这里应说明的是：并不是把整个字符串装入指针变量，而是把存放该字符串的字符数组的首地址装入指针变量。在后面还将对此进行详细介绍。

⑥把函数的入口地址赋给指向函数的指针变量。

例如：

int （*pf）();

pf=f;　　　/*f 为函数名 */

（2）与常量的减算术运算

对于指向数组的指针变量，可以加上或减去一个整数 n。设 pa 是指向数组 a 的指针变量，则 pa+n，pa-n，pa++，++pa，pa--，--pa 运算都是合法的。指针变量加或减一个整数 n 的意义是把指针指向的当前位置（指向某数组元素）向前或向后移动 n 个位置。应该注意的是，数组指针变量向前或向后移动一个位置和地址加 1 或减 1 在概念上是不同的，因为数组可以有不同的类型,各种类型的数组元素所占的字节长度是不同的。指针变量加 1，即向后移动 1 个位置表示指针变量指向下一个数据元素的首地址，而不是在原地址基础上加 1。

例如：

int a[5],　　*pa;

pa=a;　　　/*pa 指向数组 a，也是指向 a[0]*/

pa=pa+2; /*pa 指向 a[2]，即 pa 的值为 &pa[2]*/

指针变量的加减运算只能对数组指针变量进行，对指向其他类型变量的指针变量进行加减运算是毫无意义的。

（3）两个指针变量之间的运算

只有指向同一数组的两个指针变量之间才能进行运算，否则运算毫无意义。

①两指针变量相减：两指针变量相减所得之差是两个指针所指数组元素之间相差的元素个数，实际上是两个指针值（地址）相减之差再除以该数组元素的长度（字节数）。例如，pf1 和 pf2 是指向同一浮点数组的两个指针变量，设 pf1 的值为 2010H，pf2 的值为 2000H，而浮点数组每个元素占 4 个字节，所以 pf1-pf2 的结果为（2000H-2010H）/4=4，表示 pf1 和 pf2 之间相差 4 个元素。两个指针变量不能进行加法运算。例如，pf1+pf2 毫无实际意义。

②两指针变量进行关系运算：指向同一数组的两指针变量进行关系运算可表示它们所指数组元素之间的关系。

例如：pf1==pf2 表示 pf1 和 pf2 指向同一数组元素；pf1>pf2 表示 pf1 处于高地址位置；pf1<pf2 表示 pf1 处于低地址位置。

指针变量还可以与 0 比较。

设 p 为指针变量, 则 p==0 表明 p 是空指针, 它不指向任何变量; p!=0 表示 p 不是空指针。空指针是由对指针变量赋给 0 值而得到的。

例如:

#define NULL 0 int *p=NULL;

对指针变量赋 0 值和不赋值是不同的。指针变量未被赋值时, 可以是任意值, 是不能使用的, 否则将造成意外错误。而对指针变量赋 0 值后, 则可以使用, 只是它不指向具体的变量而已。

【例 8-7】程序如下。

```
#include <stdio.h>
int main ( )
{
  int a=10, b=20, s, t, *pa, *pb;      /* 说明 pa, pb 为整型指针变量 */
  pa=&a;                               /* 给指针变量 pa 赋值, pa 指向变量 a*/
  pb=&b;                               /* 给指针变量 pb 赋值, pb 指向变量 b*/
  s=*pa+*pb;                           /* 求 a+b 之和, ( *pa 就是 a, *pb 就是 b ) */
  t=*pa**pb;                           /* 求 a*b 之积 */
  printf ( "a=%d\nb=%d\na+b=%d\na*b=%d\n", a, b, a+b, a*b );
  printf ( "s=%d\nt=%d\n", s, t );
  return 0;
}
```

【例 8-8】程序如下。

```
#include <stdio.h>
int main ( )
{
  int a, b, c, *pmax, *pmin;           /*pmax, pmin 为整型指针变量 */
  printf ( "input three numbers: \n" );   /* 输入提示 */
  scanf ( "%d%d%d", &a, &b, &c );      /* 输入三个数字 */
  if ( a>b )
  {                      /* 如果第一个数字大于第二个数字……*/
    pmax=&a;        /* 指针变量赋值 */
    pmin=&b;
  }                 /* 指针变量赋值 */
  else
  {
    pmax=&b;                           /* 指针变量赋值 */
    pmin=&a; }                         /* 指针变量赋值 */
    if ( c>*pmax ) pmax=&c;            /* 判断并赋值 */
    if ( c<*pmin ) pmin=&c;            /* 判断并赋值 */
```

```
        printf（"max=%d\nmin=%d\n", *pmax, *pmin）; /* 输出结果 */
    }
    return 0;
}
```

8.3　数组指针和指向数组的指针变量

一个变量有一个地址，一个数组包含若干元素，每个数组元素都在内存中占用存储单元，它们都有相应的地址。所谓数组的指针是指数组的首地址，数组元素的指针是指数组元素的首地址。

8.3.1　指向数组元素的指针

一个数组是由连续的内存单元组成的。数组名就是这块连续内存单元的首地址。一个数组也是由各个数组元素（下标变量）组成的。每个数组元素按其类型不同占有几个连续的内存单元。一个数组元素的首地址是指它所占有的几个内存单元的首地址。

定义一个指向数组元素的指针变量的方法，与前面介绍的指针变量相同。

例如：

int a[10]; /* 定义 a 为包含 10 个整型数据的数组 */

int *p; /* 定义 p 为指向整型变量的指针变量 */

应当注意，因为数组为 int 型，所以指针变量也应为指向 int 型数据的指针变量。下面是对指针变量赋值：

p=&a[0];

其把 a[0] 数组元素的首地址赋给指针变量 p，也就是说，指针变量 p 指向 a 数组的第 0 号元素，如图 8-12 所示。

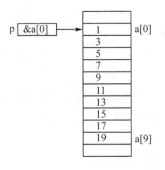

图 8-12　指向 a[0] 的指针变量 p

C 语言规定，数组名代表数组的首地址，也就是第 0 号元素的地址。因此，下面两个语句等价。

p=&a[0];

p=a;

在定义指针变量时可以赋给指针变量初值：

    int *p=&a[0];

它等效于：

    int *p;

    p=&a[0];

也可以写成：

    int *p=a;

从图 8-12 中可以看出：p，a，&a[0] 均指向同一单元，它们是数组 a 的首地址，也是第 0 号元素 a[0] 的首地址。应该说明的是，p 是变量，而 a，&a[0] 都是常量，在编程时应予以注意。

数组指针变量说明的一般形式：

类型说明符 * 指针变量名；

其中，类型说明符表示所指数组的类型。可以看出，指向数组的指针变量和指向普通变量的指针变量的说明是相同的。

8.3.2 通过指针引用数组元素

C 语言规定：如果指针变量 p 已指向数组中的一个元素，则 p+1 指向同一数组中的下一个元素。引入指针变量后，就可以用两种方法来访问数组元素了。

如果 p 的初值为 &a[0]，则：

（1）p+i 和 a+i 就是 a[i] 的地址，或者说它们指向 a 数组的第 i 个元素，如图 8-13 所示。

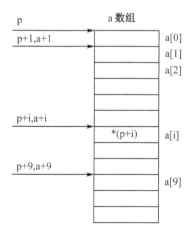

图 8-13 指向数组元素的指针

*(p+i) 或 *(a+i) 就是 p+i 或 a+i 所指向的数组元素，即 a[i]。例如，*(p+5) 或 *(a+5) 就是 a[5]。

（2）指向数组的指针变量也可以带下标，如 p[i] 与 *(p+i) 等价。

根据以上内容，引用一个数组元素可以用以下两种方法。

①下标法，即用 a[i] 形式访问数组元素。前面介绍数组时都是采用这种方法。

②指针法，即采用＊（a+i）或＊（p+i）形式，用间接访问的方法来访问数组元素，其中 a 是数组名，p 是指向数组的指针变量，其初值 p=a。

【例 8-9】输出数组中的全部元素（下标法）。程序如下。

```
#include <stdio.h>
int main ()
{
  int a[10], i;
  for (i=0; i<10; i++)
    a[i]=i;
  for (i=0; i<5; i++)
    printf ("a[%d]=%d\n", i, a[i]);
  reurn 0;
}
```

【例 8-10】输出数组中的全部元素（通过数组名计算元素的地址，找出元素的值）。程序如下。

```
#include <stdio.h>
int main ()
{
  int a[10], i;
  for (i=0; i<10; i++)
    * (a+i) =i;
  for (i=0; i<10; i++)
    printf ("a[%d]=%d\n", i, * (a+i));
  reurn 0;
}
```

【例 8-11】输出数组中的全部元素（用指针变量指向元素）。程序如下。

```
#include <stdio.h>
int main ()
{
  int a[10], i, *p;
  p=a;
  for (i=0; i<10; i++)
    * (p+i) =i;
  for (i=0; i<10; i++)
    printf ("a[%d]=%d\n", i, * (p+i));
  reurn 0;
}
```

【例 8-12】程序如下。

```
#include <stdio.h>
int main ( )
{
  int a[10], i, *p=a;
  for（i=0; i<10;  ）
    {
      *p=i;
      printf（"a[%d]=%d\n", i++, *p++）;
    }
  reurn 0;
}
```

有以下几个需要注意的问题。

（1）指针变量可以实现本身的值的改变。如 p++ 是合法的，而 a++ 是错误的，因为 a 是数组名，它是数组的首地址，是常量。

（2）要注意指针变量的当前值。

【例 8-13】错误程序如下。

```
#include <stdio.h>
int main ( )
{
  int *p, i, a[10];
  p=a;
  for（i=0; i<10; i++）
    *p++=i;
  for（i=0; i<10; i++）
    printf（"a[%d]=%d\n", i, *p++）;
  reurn 0;
}
```

【例 8-14】例 8-13 中程序改正后如下。

```
#include <stdio.h>
int main ( )
{
  int *p, i, a[10];
  p=a;
  for（i=0; i<10; i++）
    *p++=i;
  p=a;
  for（i=0; i<10; i++）
    printf（"a[%d]=%d\n", i, *p++）;
```

```
    reurn 0;
}
```

（3）从例 8-14 中可以看出，虽然定义数组时指定它包含 10 个元素，但指针变量可以指到数组以后的内存单元，系统并不认为非法。

（4）由于 ++ 和 * 同优先级，结合方向自右而左，*p++ 等价于 *（p++）。

（5）*（p++）与 *（++p）作用不同。若 p 的初值为 a，则 *（p++）等价于 a[0]，*（++p）等价于 a[1]。

（6）（*p）++ 表示 p 所指向的元素值加 1。

（7）如果 p 当前指向 a 数组中的第 i 个元素，则 *（p--）相当于 a[i--]；*（++p）相当于 a[++i]；*（--p）相当于 a[--i]。

8.3.3　数组指针变量用作函数的参数

数组名可以用作函数的实参和形参。

例如：

```
#include <stdio.h>
int main ( )
{
  int array[10];
  ……
  f ( array, 10 );
  ……
}
f ( int arr[], int n );
{
  ……
}
```

array 为实参数组名，arr 为形参数组名。在学习指针变量之后就更容易理解这个问题了。数组名就是数组的首地址，实参向形参传送数组名实际上就是传送数组的首地址，形参得到该首地址后也指向同一数组，如图 8-14 所示。这就好像同一件物品有两个不同的名称一样。

指针变量的值也是地址，数组指针变量的值即为数组的首地址，当然也可作为函数的参数使用。

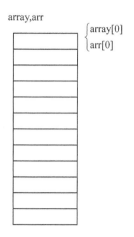

array,arr

array[0]
arr[0]

图 8-14 数组名用作函数的实参和形参

【例 8-15】程序如下。

```
#include <stdio.h>
 float aver（float *pa）；
int main（）
{
  float sco[5], av, *sp；int i;
  sp=sco;
  printf（"\ninput 5 scores：\n"）；
  for（i=0；i<5；i++）
    scanf（"%f", &sco[i]）；
  av=aver（sp）；
  printf（"average score is %5.2f", av）；
  reurn 0;
}
float aver（float *pa）
{
  int i;
  float av, s=0;
  for（i=0；i<5；i++）
    s=s+*pa++;
  av=s/5；
  return av;
}
```

【例 8-16】将数组 a 中的 n 个整数按相反顺序存放。

算法：将 a[0] 与 a[n-1] 交换，再将 a[1] 与 a[n-2] 交换，直到将 a[（n-1)/2] 与 a[n-1-

（n-1）/2）] 交换。用循环处理此问题，设两个"位置指示变量"i 和 j，i 的初值为 0，j 的初值为 n-1。将 a[i] 与 a[j] 交换，然后使 i 的值加 1，j 的值减 1，再将 a[i] 与 a[j] 交换，直到 i=（n-1）/2 为止，如图 8-15 所示。

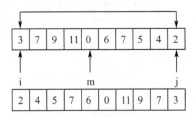

图 8-15　例 8-16 程序算法示意图

程序如下。

```c
#include <stdio.h>
void inv（int x[], int n）        /* 形参 x 是数组名 */
{
  int temp, i, j, m=（n-1）/2;
  for（i=0; i<=m; i++）
    {
        j=n-1-i;
        temp=x[i];
        x[i]=x[j];
        x[j]=temp;
    }
  return;
}
int main（）
{
  int i, a[10]={3, 7, 9, 11, 0, 6, 7, 5, 4, 2};
  printf（"The original array：\n"）;
  for（i=0; i<10; i++）
      printf（"%d, ", a[i]）;
  printf（"\n"）;
  inv（a, 10）;
  printf（"The array has benn inverted：\n"）;
  for（i=0; i<10; i++）
    printf（"%d, ", a[i]）;
  printf（"\n"）;
```

```
    return 0;
}
```

【例8-17】对例8-16可以做一些改动，将inv函数中的形参x改成指针变量。程序如下。

```
#include <stdio.h>
void inv（int *x, int n）      /* 形参 x 为指针变量 */
{
    int *p, temp, *i, *j, m=（n-1）/2;
    i=x;
    j=x+n-1;
    p=x+m;
    for（; i<=p; i++, j--）
      {
        temp=*i;
        *i=*j;
        *j=temp;
      }
    return;
}
int main（）
{
    int i, a[10]={3, 7, 9, 11, 0, 6, 7, 5, 4, 2};
    printf（"The original array：\n"）;
    for（i=0; i<10; i++）
      printf（"%d, ", a[i]）;
    printf（"\n"）;
    inv（a, 10）;
    printf（"The array has benn inverted：\n"）;
    for（i=0; i<10; i++）
      printf（"%d, ", a[i]）;
    printf（"\n"）;
    return 0;
}
```

此程序运行情况与例 8 -16 中程序相同。

【例 8-18 】从 10 个数中找出其中的最大值和最小值。

调用一个函数只能得到一个返回值，用全局变量在函数之间"传递"数据。程序如下。

```
#include <stdio.h>
int max, min;      /* 全局变量 */
void max_min_value（int array[], int n）
```

```
    {
        int *p, *array_end;
        array_end=array+n;
        max=min=*array;
        for（p=array+1；p<array_end；p++）
            if（*p>max）
                max=*p;
            else
                if（*p<min）
                    min=*p;
        return;
    }
    int main（）
    {
        int i, number[10];
        printf（"enter 10 integer umbers：\n"）;
        for（i=0；i<10；i++）
            scanf（"%d", &number[i]）;
        max_min_value（number, 10）;
        printf（"\nmax=%d, min=%d\n", max, min）;
        return 0;
    }
```

对此程序的说明如下。

（1）在 max_min_value 函数中求出的 10 个数中的最大值和最小值放在 max 和 min 中。由于它们是全局变量，因此在主函数中可以直接使用它们。

（2）函数 max_min_value 中的语句：

max=min=*array;

其中，array 是数组名，它接收从实参传来的数组 numuber 的首地址。*array 相当于 *（&array[0]）。上述语句与下面的语句等价。

max=min=array[0];

（3）在执行 for 循环时，p 的初值为 array+1，也就是 p 指向 array[1]，如图 8-16 所示。以后每次执行 p++ 使 p 指向下一个元素。每次将 *p 和 max 与 min 比较。将大者放入 max，小者放 min。

数组 number,array

图 8-16　p 的初始状态

（4）函数 max_min_value 的形参 array 可以改为指针变量类型。实参也可以不用数组名，而用指针变量传递地址。

【例 8-19】例 8-18 中程序可改为如下程序。

```c
#include <stdio.h>
int max, min;          /* 全局变量 */
void max_min_value（int *array, int n）
{
    int *p, *array_end;
    array_end=array+n;
    max=min=*array;
    for（p=array+1; p<array_end; p++）
        if（*p>max）
            max=*p;
        else
            if（*p<min）
        min=*p;
    return;
}
int main（）
{
    int i, number[10], *p;
    p=number;          /* 使 p 指向数组 number*/
    printf（"enter 10 integer umbers: \n"）;
    for（i=0; i<10; i++, p++）
        scanf（"%d", p）;
    p=number;
```

```
    max_min_value（p, 10）;
    printf（"\nmax=%d, min=%d\n", max, min）;
    return 0;
}
```

对以上内容进行归纳，如果想在函数中改变实参数组的元素的值，实参与形参的对应关系有以下 4 种。

（1）形参和实参都是数组名。

```
int main（）
{
 int a[10];
 ……
 f（a, 10）
 ……
}
f（int x[], int n）
{
 ……
}
```

其中 a 和 x 指的是同一组数组。

（2）实参是数组，形参是指针变量。

```
 int main（）
 {
  int a[10];
  ……
  f（a, 10）
  ……
 }
f（int *x, int n）
{
 ……
}
```

（3）实参和形参都是指针变量。

（4）实参是指针变量，形参是数组名。

【例 8-20】用实参指针变量改写例 8-16 中将数组 a 中 n 个整数按相反顺序存放的程序。程序如下。

```
#include <stdio.h>
void inv（int *x, int n）
{
```

```
int *p, m, temp, *i, *j;
m=（n−1）/2;
i=x;
j=x+n−1;
p=x+m;
for（; i<=p; i++, j--）
  {
    temp=*i;
    *i=*j;
    *j=temp;
  }
  return;
}
int main（）
{
  int i, arr[10]={3, 7, 9, 11, 0, 6, 7, 5, 4, 2}, *p;
  p=arr;
  printf（"The original array: \n"）;
  for（i=0; i<10; i++, p++）
    printf（"%d, ", *p）;
  printf（"\n"）;
  p=arr;
  inv（p, 10）;
  printf（"The array has benn inverted: \n"）;
  for（p=arr; p<arr+10; p++）
  printf（"%d, ", *p）;
  printf（"\n"）;
  return 0;
}
```

注意：main 函数中的指针变量 p 是有确定值的，即如果用指针变量做实参，必须先使指针变量有确定值，指向一个已定义的数组。

【例 8-21】用选择法对 10 个整数排序。程序如下。

```
#include <stdio.h>
int main（）
{
  int *p, i, a[10]={3, 7, 9, 11, 0, 6, 7, 5, 4, 2};
  printf（"The original array: \n"）;
  for（i=0; i<10; i++）
```

```
        printf ("%d, ", a[i]) ;
    printf ("\n") ;
    p=a;
    sort (p, 10) ;
    for (p=a, i=0; i<10; i++)
      {
        printf ("%d", *p) ;
        p++;
      }
    printf ("\n") ;
    return 0;
}
void sort (int x[], int n)
  {
    int i, j, k, t;
    for (i=0; i<n-1; i++)
    {
      k=i;
      for (j=i+1; j<n; j++)
        if (x[j]>x[k]) k=j;
      if (k!=i)
      {
        t=x[i];
        x[i]=x[k];
        x[k]=t;
      }
    }
}
```

说明：函数 sort 用数组名作形参，也可改为用指针变量作形参，这时函数的首部可以改为

```
sort (int *x, int n)
```

其他可一律不改。

8.3.4 多维数组的地址和指向多维数组的指针变量

下面以二维数组为例介绍指向多维数组的指针变量。

1. 多维数组的地址

设有整型二维数组 a[3][4] 如下：

```
0   1    2    3
4   5    6    7
8   9   10   11
```

它的定义为

int a[3][4]={{0, 1, 2, 3}, {4, 5, 6, 7}, {8, 9, 10, 11}}

设数组 a 的首地址为 1000，各下标变量的首地址及值如图 8-17 所示。

1000 0	1002 1	1004 2	1006 3
1008 4	1010 5	1012 6	1014 7
1016 8	1018 9	1020 11	1022 12

图 8-17　数组 a 各下标变量的首地址及值

前面介绍过，C 语言允许把一个二维数组分解为多个一维数组来处理。因此数组 a 可分解为三个一维数组，即 a[0], a[1], a[2]，每一个一维数组又含有四个元素，如图 8-18 所示。

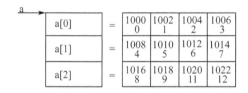

图 8-18　二维数组 a 分解为三个一堆数组

例如：a[0] 数组，含有 a[0][0]，a[0][1]，a[0][2]，a[0][3] 四个元素。

从二维数组的角度来看，a 是二维数组名，a 代表整个二维数组的首地址，也是二维数组 0 行的首地址，等于 1000，a+1 则代表第一行的首地址，等于 1008，如图 8-19 所示。

图 8-19　从二维数组的角度看数组名

a[0] 是第一个一维数组的数组名和首地址，因此也为 1000。*（a+0）或 *a 是与 a[0] 等效的，它表示一维数组 a[0] 的 0 号元素的首地址，也为 1000。&a[0][0] 是二维数组 a 的 0 行 0 列元素首地址，同样是 1000。因此，a，a[0]，*（a+0），*a，&a[0][0] 是等同的。

同理，a+1 是二维数组 1 行的首地址，等于 1008。a[1] 是第二个一维数组的数组名和首地址，因此也为 1008。&a[1][0] 是二维数组 a 的 1 行 0 列元素首地址，也是 1008。因此，a+1，a[1]，*（a+1），&a[1][0] 是等同的。

由此可得出：a+i，a[i]，*（a+i），&a[i][0] 是等同的。

此外，&a[i] 和 a[i] 也是等同的。在二维数组中不能把 &a[i] 理解为元素 a[i] 的地址，因为不存在元素 a[i]。C 语言规定，它是一种地址计算方法，表示数组 a 第 i 行首地址。由此可以得出结论：a[i]，&a[i]，*（a+i）和 a+i 也是等同的。

另外，a[0] 也可以看成 a[0]+0，是一维数组 a[0] 的 0 号元素的首地址，而 a[0]+1 则是一维数组 a[0] 的 1 号元素的首地址，由此可得出结论：a[i]+j 是一维数组 a[i] 的 j 号元素的首地址，它等于 &a[i][j]，如图 8-20 所示。

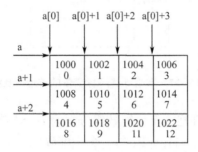

图 8-20 从一维数组的角度看数组名

由 a[i]=*（a+i）可得 a[i]+j=*（a+i）+j。由于 *（a+i）+j 是二维数组 a 的 i 行 j 列元素的首地址，所以，该元素的值等于 *（*（a+i）+j）。

【例 8-22】程序如下。

```c
#include <stdio.h>
int main ()
{
    int a[3][4]={0, 1, 2, 3, 4, 5, 6, 7, 8, 9, 10, 11};
    printf ("%d,", a);
    printf ("%d,", *a);
    printf ("%d,", a[0]);
    printf ("%d,", &a[0]);
    printf ("%d\n", &a[0][0]);
    printf ("%d,", a+1);
    printf ("%d,", *(a+1));
    printf ("%d,", a[1]);
    printf ("%d,", &a[1]);
    printf ("%d\n", &a[1][0]);
    printf ("%d,", a+2);
    printf ("%d,", *(a+2));
```

```
printf（"%d, ", a[2]）;
printf（"%d, ", &a[2]）;
printf（"%d\n", &a[2][0]）;
printf（"%d, ", a[1]+1）;
printf（"%d\n", *（a+1）+1）;
printf（"%d, %d\n", *（a[1]+1）, *（*（a+1）+1））;
return 0;
}
```

2. 指向多维数组的指针变量

把二维数组 a 分解为一维数组 a[0]，a[1]，a[2] 之后，设 p 为指向二维数组的指针变量。可定义为

int（*p）[4]

它表示 p 是一个指针变量，指向包含 4 个元素的一维数组。若指向第一个一维数组 a[0]，其值等于 a，a[0] 或 &a[0][0] 等。而 p+i 则指向一维数组 a[i]。由前面的分析可知 *（p+i）+j 是二维数组 i 行 j 列的元素的首地址，而 *（*（p+i）+j）则是 i 行 j 列元素的值。

二维数组指针变量说明的一般形式：

类型说明符（*指针变量名）[长度]

其中，类型说明符为所指数组的数据类型，* 表示其后的变量是指针类型，长度表示二维数组分解为多个一维数组时一维数组的长度，也就是二维数组的列数。应注意"（*指针变量名）"中的括号不可少，如缺少括号则表示是指针数组，意义就完全不同了。

【例 8-23】程序如下。

```
#include <stdio.h>
int main（）
{
 int a[3][4]={0, 1, 2, 3, 4, 5, 6, 7, 8, 9, 10, 11};
 int（*p）[4];
 int i, j;
 p=a;
 for（i=0；i<3；i++）
   {
     for（j=0；j<4；j++）
     printf（"%2", *（*（p+i）+j））;
     printf（"\n"）;
   }
 return 0;
}
```

8.4　指针变量与字符串

8.4.1　字符串的表示形式

在 C 语言中，可以用两种方法访问一个字符串。

（1）用字符数组存放一个字符串，然后输出该字符串。

【例 8-24】如图 8-21 所示，程序如下。

```c
#include <stdio.h>
int main ()
{
  char string[]="I love China!";
  printf ("%s\n", string);
  return 0;
}
```

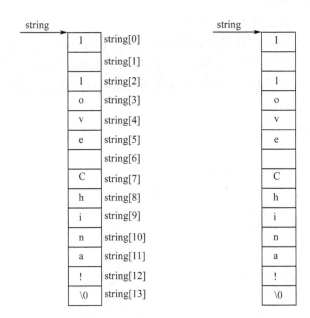

图 8-21　例 8-24 图

说明：和前面介绍的数组属性一样，string 是数组名，它代表字符数组的首地址。

（2）用字符串指针指向一个字符串。

【例 8-25】程序如下。

```c
#include <stdio.h>
int main ()
```

```
{
    char *string="I love China!";
    printf（"%s\n"，string）;
    return 0;
}
```

字符串指针变量的定义说明与指向字符变量的指针变量的定义说明是相同的。只能按对指针变量的赋值不同来区别它们。对指向字符变量的指针变量应赋给该字符变量的地址。

例如：

char c，*p=&c;

其表示 p 是一个指向字符变量 c 的指针变量。

char *s="C Language";

其表示 s 是一个指向字符串的指针变量，把字符串的首地址赋给 s。

例 8-25 的程序中，首先定义 string 是一个字符串指针变量，然后把字符串的首地址赋给 string（应写出整个字符串，以便 C 语言编译系统把该字符串装入连续的内存单元），即把首字符地址送入 string。程序中

char *ps="C Language";

等效于

char *ps;

ps="C Language";

【例 8-26】输出字符串中 n 个字符后的所有字符。程序如下。

```
#include <stdio.h>
int main（）
{
    char *ps="this is a book";
    int n=10;
    ps=ps+n;
    printf（"%s\n"，ps）;
    return 0;
}
```

此程序运行结果：

book

此程序中对 ps 初始化时即把字符串首地址赋给 ps，执行 ps= ps+n 之后，ps 指向字符 'b'，因此输出为 book。

【例 8-27】在输入的字符串中查找有无 'k' 字符。程序如下。

```
#include <stdio.h>
int main（）
{
    char st[20]，*ps;
```

```
    int i;
    printf（"input a string：\n"）；
    ps=st；
    scanf（"%s", ps）；
    for（i=0；ps[i]!='\0'；i++）
      if（ps[i]=='k'）
        {
          printf（"there is a 'k' in the string\n"）；break；
        }
    if（ps[i]=='\0'）
      printf（"There is no 'k' in the string\n"）；
    return 0；
}
```

【例 8-28】程序如下。

```
#include <stdio.h>
int main（）
{
  static int a[3][4]={0, 1, 2, 3, 4, 5, 6, 7, 8, 9, 10, 11}；
  char *PF；
  PF=" %d, %d, %d, %d, %d\n"；
  printf（PF, a, *a, a[0], &a[0], &a[0][0]）；
  printf（PF, a+1, *（a+1）, a[1], &a[1], &a[1][0]）；
  printf（PF, a+2, *（a+2）, a[2], &a[2], &a[2][0]）；
  printf（"%d, %d\n", a[1]+1, *（a+1）+1）；
  printf（"%d, %d\n"", *（a[1]+1）, *（*（a+1）+1））；
  return 0；
}
```

此程序将指针变量指向一个格式字符串，用在 printf 函数中，用于输出二维数组的各种地址表示的值。但在 printf 函数中用指针变量 PF 代替了格式字符串。这也是 C 语言程序中常用的方法。

【例 8-29】把一个字符串的内容复制到另一个字符串中，并且不能使用 strcpy 函数。程序如下。

```
#include <stdio.h>
void cpystr（char *pss, char *pds）
  {
    while（（*pds=*pss）!=' \0'）
    {
    pds++；pss++；
    }
```

```
}
int main ( )
{
    char *pa="CHINA", b[10], *pb;
    pb=b;
    cpystr ( pa, pb ) ;
    printf ( "string a=%s\nstring b=%s\n", pa, pb ) ;
    return 0;
}
```

此程序把字符串指针作为函数的参数使用。函数 cprstr 的形参为两个字符串指针变量。pss 指向源字符串，pds 指向目标字符串。注意表达式：（ *pds=*pss) !='\0' 的用法。

此程序完成了两项工作：一是把 pss 指向的源字符串复制到 pds 指向的目标字符串中，二是判断所复制的字符是否为 '\0'，若是则表明源字符串结束，不再循环；否则 pds 和 pss 都加 1，指向下一字符。主函数中，以指针变量 pa，pb 为实参，分别取得确定值后调用 cprstr 函数。由于采用的指针变量 pa 和 pss，pb 和 pds 均指向同一字符串，因此在主函数和 cprstr 函数中均可使用这些字符串。也可以把 cprstr 函数简化为以下形式：

cprstr (char *pss, char*pds)
{while ((*pds++=*pss++) !='\0') ; }

即把指针的移动和赋值合并在一个语句中。进一步分析还可发现 '\0' 的 ASCII 码为 0，对于 while 语句只看表达式的值为非 0 就循环，为 0 则结束循环，因此也可省去 !='\0' 这一判断部分，而写为

cprstr (char *pss, char *pds)
{while (*pdss++=*pss++) ; }

表达式的意义可解释为：源字符向目标字符赋值，移动指针，若所赋值为非 0 则循环，否则结束循环。这样能使程序更加简洁。

【例 8-30】简化后的程序如下。

```
#include <stdio.h>
void cpystr ( char *pss, char *pds )
{
    while ( *pds++=*pss++ ) ;
}
int main ( )
{
    char *pa="CHINA", b[10], *pb;
    pb=b;
    cpystr ( pa, pb ) ;
    printf ( "string a=%s\nstring b=%s\n", pa, pb ) ;
    return 0;
}
```

8.4.2　字符串指针变量与字符数组

　　用字符数组和字符串指针变量都可实现字符串的存储和运算，但是两者是有区别的，在使用时应注意以下几个问题。

　　（1）字符串指针变量本身是一个变量，用于存放字符串的首地址。而字符串本身存放在以该首地址为首的一块连续的内存空间中并以 '\0' 作为字符串的结束。字符数组是由若干个数组元素组成的，它可用来存放整个字符串。

　　（2）对字符串指针，

　　char *ps="C Language";

可以写为

　　char *ps;

　　ps="C Language";

　　而对字符数组，

　　static char st[]={"C Language"};

不能写为

　　char st[20];

　　st={"C Language"};

而只能对字符数组的各元素逐个赋值。

　　从以上几点可以看出字符串指针变量与字符数组在使用时的区别，同时也可看出使用字符串指针变量更加方便。

　　前面说过，在一个指针变量未取得确定地址前使用它是危险的，容易引起错误。但是对指针变量直接赋值是可以的。因为 C 语言编译系统对指针变量赋值时要给以确定的地址。

　　因此，

　　char *ps="C Langage";

或者

　　char *ps;

　　ps="C Language";

都是合法的。

8.5　函数指针变量

　　在 C 语言中，一个函数总是占用一段连续的内存区，而函数名就是该函数所占内存区的首地址。可以把函数的这个首地址（或称入口地址）赋给一个指针变量，使该指针变量指向该函数，然后通过该指针变量就可以找到并调用这个函数。这种指向函数的指针变量被称为"函数指针变量"。

　　函数指针变量定义的一般形式：

类型说明符　（＊指针变量名）（）；

　　其中，"类型说明符"表示被指函数的返回值的类型，"（＊指针变量名）"表示"＊"

后面的变量是定义的指针变量，最后的空括号表示指针变量所指的是一个函数。

例如：

int（*pf）（）；

其表示 pf 是一个指向函数的指针变量，该函数的返回值（函数值）是整型。

【例 8-31】本例用来说明用函数指针变量实现对函数的调用的方法。

```
#include <stdio.h>
int max（int a, int b）
{
  if（a>b）
    return a;
  else
    return b;
}
int main（）
{
  int max（int a, int b）;
  int（*pmax）（）;
  int x, y, z;
  pmax=max;
  printf（"input two numbers：\n"）;
  scanf（"%d%d", &x, &y）;
  z=（*pmax）（x, y）;
  printf（"maxmum=%d", z）;
  return 0;
}
```

从此程序中可以看出，用函数指针变量调用函数的步骤如下。

（1）先定义函数指针变量，例如：

int（*pmax）（）；

定义 pmax 为函数指针变量。

（2）把被调函数的入口地址（函数名）赋给该函数指针变量，例如：

pmax=max；

（3）用函数指针变量调用函数，例如：

z=（*pmax）（x, y）；

用函数指针变量调用函数的一般形式：

（* 指针变量名）（实参表）

使用函数指针变量还应注意以下两点。

（1）函数指针变量不能进行算术运算，这是与数组指针变量不同的。数组指针变量加减一个整数可使指针移动指向后面或前面的数组元素，而函数指针变量的移动是毫无意义的。

（2）函数调用中"（＊指针变量名）"中两边的括号不可少，其中的"＊"不应该理解为求值运算，在此处它只是一种表示符号。

8.6 指针型函数

前面介绍过，所谓函数类型是指函数返回值的类型。在 C 语言中允许一个函数的返回值是一个指针（即地址），这种返回指针值的函数称为指针型函数。

指针型函数定义的一般形式：

类型说明符 ＊ 函数名（形参表）

{

……　　/＊ 函数体 ＊/

}

其中，函数名之前加了 ＊ 表明这是一个指针型函数，即返回值是一个指针，类型说明符表示了返回的指针所指向的数据类型。

例如：

int *ap（int x，int y）

{

……　　/＊ 函数体 ＊/

}

其表示 ap 是一个返回指针值的指针型函数，它返回的指针指向一个整型变量。

【例 8-32】通过指针型函数，输入一个 1 到 7 中的一个整数，输出对应的星期名。程序如下。

```
#include <stdio.h>
int main（）
{
 int i;
 char *day_name（int n）;
 printf（"input Day No：\n"）;
 scanf（"%d"，&i）;
 if（i<0）exit（1）;
 printf（"Day No：%2d-->%s\n"，i，day_name（i））;
 return 0;
}
char *day_name（int n）
{
    static char *name[]={"Illegal day",
                        "Monday",
```

```
                            "Tuesday",
                            "Wednesday",
                            "Thursday",
                            "Friday",
                            "Saturday",
                            "Sunday"};
    return （（n<1||n>7）? name[0]: name[n]）;
    }
```

此程序中定义了一个指针型函数 day_name，它的返回值指向一个字符串。该函数中定义了一个静态指针数组 name。name 数组初始化赋值为八个字符串，分别表示出错提示及各个星期名。形参 n 表示与星期名对应的整数。在主函数中，把输入的整数 i 当作实参，在 printf 函数中调用 day_name 函数并把 i 值传送给形参 n。day_name 函数中的 return 语句包含一个条件表达式，n 值若大于 7 或小于 1 则把 name[0] 指针返回主函数输出出错提示字符串 "Illegal day"，否则返回主函数输出对应的星期名。主函数中的条件语句的语义是：如输入为负数（i<0）则中止程序运行退出程序。exit 函数是一个库函数，exit（1）表示发生错误后退出程序，exit（0）表示正常退出。

应该特别注意的是函数指针变量和指针型函数这两者在写法和意义上的区别。

例如：int（*p）（）和 int *p（）是两个完全不同的量。

int（*p）（）是一个变量说明，说明 p 是一个指向函数入口的指针变量，该函数的返回值是整型量，*p 两边的括号不能少。

int *p（）则不是变量说明而是函数说明，说明 p 是一个指针型函数，其返回值是一个指向整型量的指针，*p 两边没有括号。作为函数说明，在括号内最好写入形式参数，这样便于与变量说明区别。

对于指针型函数定义，int *p（）只是函数头部分，一般还应该有函数体部分。

8.7 指 针 数 组

一个数组的元素值为指针则是指针数组。指针数组是一组有序的指针的集合。指针数组的所有元素都必须是具有相同存储类型和指向相同数据类型的指针变量。

指针数组说明的一般形式：

类型说明符 * 数组名 [数组长度]

其中，类型说明符为指针值所指向的变量的类型。

例如：

int *pa[3]

其表示 pa 是一个指针数组，它有三个数组元素，每个元素值都是一个指针，指向整型变量。

通常可用一个指针数组来指向一个二维数组。指针数组中的每个元素被赋给二维数组每一行的首地址，因此也可理解为指向一个一维数组。

【例 8-33】程序如下。

```c
#include <stdio.h>
int main ( )
{
  int a[3][3]={1，2，3，4，5，6，7，8，9};
  int *pa[3]={a[0]，a[1]，a[2]};
  int *p=a[0];
  int i;
  for（i=0；i<3；i++）
    printf（"%d，%d，%d\n", a[i][2-i], *a[i], *（*（a+i）+i））;
    for（i=0；i<3；i++）
      printf（"%d，%d，%d\n", *pa[i], p[i], *（p+i））;
  return 0;
}
```

此程序中，pa 是一个指针数组，三个元素分别指向二维数组 a 的各行。循环语句输出指定的数组元素。*a[i] 表示 i 行 0 列的元素值；*（*（a+i）+i）表示 i 行 i 列的元素值；*pa[i] 表示 i 行 0 列的元素值；由于 p 与 a[0] 相同，故 p[i] 表示 0 行 i 列的元素值；*（p+i）表示 0 行 i 列的元素值。可通过此例仔细领会元素值的各种不同的表示方法。

应注意指针数组和二维数组指针变量的区别。这两者虽然都可用来表示二维数组，但是其表示方法和意义是不同的。

二维数组指针变量是单个的变量，其一般形式中"（*指针变量名）"中两边的括号不可少。而指针数组表示的是多个指针（一组有序指针），其一般形式中"*指针数组名"两边不能有括号。

例如：

int （*p）[3];

其表示一个指向二维数组的指针变量。该二维数组的列数为 3 或分解为一维数组其长度为 3。

例如：

int *p[3]

其表示 p 是一个指针数组，有三个下标变量 p[0]，p[1]，p[2]，均为指针变量。

指针数组也常用来表示一组字符串，这时指针数组的每个元素被赋给一个字符串的首地址。指向字符串的指针数组的初始化更为简单。例 8-32 中即采用指针数组来表示一组字符串。其初始化赋值为

```c
char *name[]={"Illagal day",
              "Monday",
              "Tuesday",
              "Wednesday",
              "Thursday",
              "Friday",
```

"Saturday",
"Sunday"};

完成这个初始化赋值之后，name[0] 即指向字符串 "Illegal day"，name[1] 即指向 "Monday"……

指针数组也可以用作函数的参数。

【例 8-34】指针数组用作指针型函数的参数。程序如下。

```c
#include <stdio.h>
int main ( )
{
  static char *name[]={ "Illegal day",
                        "Monday",
                        "Tuesday",
                        "Wednesday",
                        "Thursday",
                        "Friday",
                        "Saturday",
                        "Sunday"};
  char *ps;
  int i;
  char *day_name ( char *name[], int n ) ;
  printf ( "input Day No：\n" ) ;
  scanf ( "%d", &i ) ;
  if ( i<0 ) exit ( 1 ) ;
  ps=day_name ( name, i ) ;
  printf ( "Day No：%2d-->%s\n", i, ps ) ;
  return 0;
}
char *day_name ( char *name[], int n )
{
  char *pp1, *pp2;
  pp1=*name;
  pp2=* ( name+n ) ;
  return ( ( n<1||n>7 ) ? pp1: pp2 ) ;
}
```

此程序的主函数中定义了一个指针数组 name，并对 name 进行了初始化赋值。其每个元素都指向一个字符串。然后又以 name 作为实参调用指针型函数 day_name，在调用时把数组名 name 赋给形参变量 name，输入的整数 i 作为第二个实参赋给形参 n。在 day_ name 函数中定义了两个指针变量 pp1 和 pp2。指针变量 pp1 被赋给 name[0] 的值，即 *name。指针变量 pp2 被赋给 name[n] 的值，即 *（name+ n）。由条件表达式决定返回指针变量 pp1 或指针变量 pp2 给主函数中的指针变量 ps。最后输出 i 和 ps 的值。

【例 8-35】输入 5 个国名，按字母顺序排列后输出。程序如下。

```c
#include<string.h>
#include<stdio.h>
int main ( )
{
  void sort（char *name[], int n）;
  void print（char *name[], int n）;
  static char *name[]={"CHINA", "AMERICA", "AUSTRALIA", "FRANCE", "GERMAN"};
  int n=5;
  sort（name, n）;
  print（name, n）;
  return 0;
}
void sort（char *name[], int n）
{
  char *pt;
  int i, j, k;
  for（i=0; i<n-1; i++）
    {
      k=i;
      for（j=i+1; j<n; j++）
        if（strcmp（name[k], name[j]）>0）
          k=j;
      if（k!=i）
        {
          pt=name[i];
          name[i]=name[k];
          name[k]=pt;
        }
    }
}
void print（char *name[], int n）
{
  int i;
  for（i=0; i<n; i++）
    printf（"%s\n", name[i]）;
}
```

对此程序的说明如下。

在前面的例子中采用了普通的排序方法，逐个比较之后交换字符串的位置。交换字符串的物理位置是通过字符串复制函数完成的。反复的交换将使程序执行的速度很慢，同时由于各字符串（国名）的长度不同，又增加了存储管理的负担。用指针数组能很好地解决这些问题。把所有的字符串分别存放在数组中，把这些字符数组的首地址放在一个指针数组中，当需要交换两个字符串时，只须交换指针数组相应两元素的内容（地址）即可，而不必交换字符串本身。

此程序定义了两个函数。一个函数名为 sort，用于完成排序，其形参为指针数组 name，即为待排序的各字符串数组的指针。形参 n 为字符串的个数。另一个函数名为 print，用于排序后字符串的输出，其形参与 sort 函数的形参相同。主函数 main 中定义了指针数组 name 并进行了初始化赋值。然后分别调用 sort 函数和 print 函数完成排序和输出。值得说明的是，在 sort 函数中，对两个字符串比较采用了 strcmp 函数，strcmp 函数允许参与比较的字符串以指针方式出现。name[k] 和 name[j] 均为指针，因此是合法的。字符串比较后需要交换时，只交换指针数组元素的值，而不交换具体的字符串，这样将大大减少运行时间，提高运行效率。

8.8　指向指针的指针变量

如果一个指针变量存放的又是另一个指针变量的地址，则称这个指针变量为指向指针的指针变量。

在前面已经介绍过，通过指针访问变量称为间接访问。由于指针变量直接指向变量，所以称为"单级间址"，而通过指向指针的指针变量来访问变量则构成"二级间址"，如图 8-12 所示。

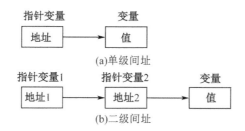

图 8-22　单级间址和二级间址

怎样定义一个指向指针型数据的指针变量呢？如下：

char **p；

p 前面有两个 * 号，相当于 *（*p）。显然 *p 是指针变量的定义形式，如果没有最前面的 *，那就是定义了一个指向字符数据的指针变量。现在它前面又有一个 * 号，表示指针变量 p 是指向一个字符指针型变量的。*p 就是 p 所指向的另一个指针变量。

从图 8-23 中可以看到，name 是一个指针数组，它的每一个元素是一个指针型数据，其值为地址。name 数组的每一个元素都有相应的地址。数组名 name 代表该指针数组的首地址。name+1 是 name[i] 的地址。name+1 就是指向指针型数据的指针（地址）。还可以设置一个指针变量 p，使它指向指针数组元素。p 就是指向指针型数据的指针变量。

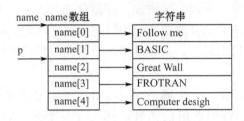

图 8-23　指向指针的指针变量

如果有：

p=name+2；

printf（"%o\n"，*p）；

printf（"%s\n"，*p）；

则第一个 printf 函数输出 name[2] 的值（它是一个地址），第二个 printf 函数以字符串形式（%s）输出字符串 "Great Wall"。

【例 8-36】使用指向指针的指针。程序如下。

```
#include <stdio.h>
int main ()
{
  char *name[]={"Follow me", "BASIC", "Great Wall", "FORTRAN", "Computer de-
sighn"};
  char **p; int i;
  for (i=0; i<5; i++)
    {
      p=name+i;
      printf ("%s\n", *p);
    }
  return 0;
}
```

说明：p 是指向指针的指针变量。

【例 8-37】一个指针数组的元素指向数据的简单例子。程序如下。

```
#include <stdio.h>
int main ()
{
  static int a[5]={1, 3, 5, 7, 9};
  int *num[5]={&a[0], &a[1], &a[2], &a[3], &a[4]};
```

```
int **p, i;
p=num;
for（i=0；i<5；i++）{printf（"%d\t", **p）；p++；}
return 0;
}
```

说明：指针数组的元素只能存放地址。

8.9　main 函数的参数

前面介绍的 main 函数都是不带参数的，因此 main 后的括号都是空括号。实际上，main 函数可以带参数，这个参数可以认为是 main 函数的形式参数。C 语言规定 main 函数的参数只能有两个，习惯上这两个参数写为 argc 和 argv。因此，main 函数的函数头可写为：

main（argc，argv）

C 语言还规定 argc（第一个形参）必须是整型变量，argv（第二个形参）必须是指向字符串的指针数组。加上形参说明后，main 函数的函数头应写为

main（int argc，char *argv[]）

由于 main 函数不能被其他函数调用，因此其形参不可能在程序内部取得实际值。那么，在何处把实参值赋给 main 函数的形参呢？实际上，main 函数的形参获得的参数值是从操作系统命令行上获得的。当要运行一个可执行文件时，在 DOS 提示符下键入文件名，再输入实际参数即可把这些实参传送到 main 的形参中去。

DOS 提示符下命令行的一般形式：

C：\> 可执行文件名 参数 参数……；

应该特别注意的是，main 函数的两个形参和命令行中的参数在位置上不是一一对应的，因为 main 函数的形参只有两个，而命令行中的参数个数原则上未加限制。参数 argc 表示了命令行中参数的个数（注意：文件名本身也算一个参数），argc 的值是在输入命令行时由系统按实际参数的个数自动赋给的。

例如，有命令行为

C：\>E24　BASIC　foxpro　FORTRAN

由于文件名 E24 本身也算一个参数，所以共有 4 个参数，因此 argc 取得的值为 4。参数 argv 是字符串指针数组，其各元素值为命令行中各字符串（参数均按字符串处理）的首地址。该指针数组的长度即为参数个数，数组元素初值由系统自动赋给，如图 8-24 所示。

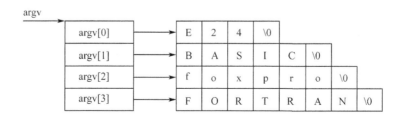

图 8-24　argv 指针数组

【例 8-38】程序如下。

```
int main（int argc, char *argv）
{
    while（argc-->1）printf（"%s\n", *++argv）;
    return 0;
}
```

此程序功能是显示命令行中输入的参数。如果可执行文件名为 e24.exe，存放在 A 驱动器的盘内，则输入的命令行为

C：\>a：e24 BASIC foxpro FORTRAN

则运行结果为

BASIC

foxpro

FORTRAN

该命令行共有 4 个参数，执行 main 函数时，argc 的初值即为 4。argv 的 4 个元素分别为 4 个字符串的首地址。执行 while 语句，每循环一次 argv 值减 1，当 argv 等于 1 时停止循环，共循环三次，因此共可输出三个参数。在 printf 函数中，由于打印项 *++argv 是先加 1 再打印，故第一次打印的是 argv[1] 所指的字符串 BASIC。第二、三次循环分别打印后二个字符串。而参数 e24 是文件名，不必输出。

8.8 本 章 小 结

8.8.1 指针的定义及含义

指针的定义及含义见表 8-1。

表 8-1 指针的定义及含义

定义	含义
int i;	定义整型变量 i
int *p	p 为指向整型数据的指针变量
int a[n];	定义整型数组 a，它有 n 个元素
int *p[n];	定义指针数组 p，它由 n 个指向整型数据的指针元素组成
int（*p）[n];	p 为指向含 n 个元素的一维数组的指针变量
int f（）;	f 为带回整型函数值的函数
int *p（）;	p 为带回一个指针的函数，该指针指向整型数据
int（*p）（）;	p 为指向函数的指针，该函数返回一个整型值

8.8.2 指针运算

现把全部指针运算列出如下。

（1）指针变量加（减）一个整数。

例如：p++、p--、p+i、p-i、p+=i、p-=i。

一个指针变量加（减）一个整数并不是简单地将原值加（减）一个整数，而是将该指针变量的原值（是一个地址）和它指向的变量所占用的内存单元字节数加（减）。

（2）指针变量赋值：将一个变量的地址赋给一个指针变量。指针变量的定义及含义如下。

p=&a;　　　　　　　　/* 将变量 a 的地址赋给 p*/

p=array;　　　　　　　/* 将数组 array 的首地址赋给 p*/

p=&array[i];　　　　　/* 将数组 array 第 i 个元素的地址赋给 p*/

p=max;　　　　　　　/*max 为已定义的函数，将 max 的入口地址赋给 p*/

p1=p2;　　　　　　　/*p1 和 p2 都是指针变量，将 p2 的值赋给 p1*/

注意：不能以如下方式对指针变量赋值。

p=1000;

（3）指针变量可以有空值，即该指针变量不指向任何变量：

p=NULL;

（4）两个指针变量可以相减：如果两个指针变量指向同一个数组的元素，则两个指针变量值之差是两个指针之间的元素个数。

（5）两个指针变量比较：如果两个指针变量指向同一个数组的元素，则两个指针变量可以进行比较。指向前面的元素的指针变量"小于"指向后面的元素的指针变量。

8.8.3　void 指针类型

ANSI 新标准增加了一种 void 指针类型，即可以定义一个指针变量，但不指定它指向哪一种类型数据。

实验 12　指针应用程序设计

一、实验目的

1. 理解指针的概念。

2. 掌握指针的定义方法和使用方法。

3. 理解地址的概念。

二、实验内容

读下面的程序，写出运行结果，并在 Visual C++6.0 上验证运行结果。

（1）利用指针作为函数参数，交换变量的值。程序如下。

```c
#include<stdio.h>
void exchange（int *a, int *b）
{
    int temp;
    temp=*a;
    *a=*b;
    *b=temp;
}
int main（）
{
    int x=10, y=20;
    exchange（&x, &y）;
    printf（"after the exchange：\n"）;
    printf（"x=%d, y=%d\n", x, y）;
    return 0;
}
```

运行结果：

结果分析：

（2）通过指针找出三个整数中的最小值并输出。程序如下。

```c
#include<stdio.h>
int main（）
```

```
{
    int a, b, c, num;
    int *p1=&a, *p2=&b, *p3=&c;
    printf ( "please input the data: \n" ) ;
    scanf ( "%d%d%d", p1, p2, p3 ) ;
    num=*p1;
    if ( *p2<num )
        num=*p2;
    if ( *p3<num )
        num=*p3;
    printf ( "the minimum: %d", num ) ;
    return 0;
}
```

运行结果:

结果分析:

（3）数组与指针。程序如下。

```
#include<stdio.h>
int main ( )
{
    int a[]={2, 4, 6, 8, 10}, y=1, x, *p;
    p=&a[1];
    for ( x=0; x<3; x++ )
        y+=* ( p+x ) ;
    printf ( "%d\n", y ) ;
    return 0;
}
```

运行结果:

结果分析:

（4）求一个字符串的长度,在 main 函数中输入字符串,并输出其长度。程序如下。

```
#include<stdio.h>
```

```
int main ( )
{
  int length（char *p）;
  int len;
  char str[20];
  printf（"please input a string：\n"）;
  scanf（"%s", str）;
  len=length（str）;
  printf（"the string has %d characters.", len）;
  return 0;
}
int length（char *p）
{
  int n;
  n=0;
  while（*p!='\0'）
  {
    n++;
    p++;
  }
  return n;
}
```

运行结果：

结果分析：

（5）程序如下。

```
#include <stdio.h>
try（）
{
    static int x=3;
    x++;
    return（x）;
}
main（）
{
```

```
    int i, x ;
    for（i=0；i<=2；i++）
      x=try（0）；
    printf（"%d\n", x）；
}
```

运行结果：

结果分析：

（6）程序如下。

```
#include <stdio.h>
f（int a）
{
    int b=0 ;
    static int c=3 ;
    a=c++, b++;
    return（a）;
}
main（  ）
{
    int a=2, i, k;
    for（i=0；i<2；i++）
      k=f（a++）;
    printf（"%d\n", k）;
}
```

运行结果：

结果分析：

（7）程序如下。

```
#include<stdio.h>
func（int b[ ]）
{
```

```
    int j;
    for（j=0；j<4；j++）
       b[j]=j;
}
main（ ）
{
    int a[4], i;
    func（a）；
    for（i=0；i<4；i++）
    printf（"%d", a[i]）；
}
```
运行结果：

结果分析：

（8）通过键盘上输入字符串 "qwerty" 和字符串 "abcd"，程序如下。
```
#include <stdio.h>
int strle（char a[ ], char b[ ]）
{
  int num=0, n=0；
  while（a[num]!='\0'）num++；
  while（b[n]）
    {
       a[num]=b[n]；
       num++；n++；
    }
  return（num）；}
int main（ ）
{
  char str1[81], str2[81];
  gets（str1）；
  gets（str2）；
  printf（"%d\n", strle（str1, str2））；
  return 0；
}
```

运行结果：

结果分析：

（9）程序如下。

```
#include <stdio.h>
int f（int a）
{
  int b=0；
  static c=3；
  a=c++, b++；
  return（a）；
}
int main（）
{
  int a=2, i, k；
  for（i=0；i<2；i++）
    k=f（a++）；
  printf（"%d\n", k）；
  return 0；
}
```

运行结果：

结果分析：

（10）程序如下。

```
#include <stdio.h>
int d=1；
void fun（int p）
{
  int d=5；
  d+=p++；
  printf（"%d", d）；
}
```

```
int main ( )
{
  int a=3；
  fun ( a ) ；
  d+=a++；
  printf ( "%d\n", d ) ；
  return 0；
}
```

运行结果：

结果分析：

三、思考题

1. 指向不同数据类型变量的指针变量占多少个字节？使用 sizeof 函数在 Visual C++6.0 上进行验证，并分析原因。

2. 指针变量作为函数参数传递时与普通变量作为函数参数传递有什么区别？

四、实验报告

1. 分析整理程序运行结果，完成实验报告，要求报告书写字迹清晰、格式规范。

2. 完成思考题，并分析变量值、指向变量的指针（指针的值）、指针的地址三者之间的区别。

实验 13 指 针 （1）

一、实验目的

1. 掌握函数的定义和调用方法。

2. 掌握数组用作函数的参数的方法。

3. 掌握多个函数的结构化的程序设计方法。

二、实验内容

1. 通过指针变量访问整型变量，编译下面的程序，给出运行结果

（1）程序如下。

```
#include <stdio.h>
int main ( )
{
  int a, b;
  int *p1, *p2;
  a =100;
  b =10;
  p1=&a;
  p2=&b;
  printf（ "%d, %d\n", a, b）;
  printf（ "%d, %d\n", *p1, *p2）;
  return 0;
}
```

运行结果：

结果分析：

（2）程序如下。

```
#include <stdio.h>
int main ( )
{
 int a, b, int *p1, *p2;
 scanf（ "%d, %d", &a, &b）;
```

```
    p1=&a;
    p2=&b;
    if（a<b）
      {
         p=p1;
         p1=p2;
         p2=p;
      }
    printf（"%d, %d\n", *p1, *p2）;
    return 0;
}
```

运行结果：

结果分析：

（3）程序如下。

```
#include <stdio.h>
int main（）
{
    int a, b;
    int *p1, *p2, p;
    scanf（"%d%d", &a, &b）;
    p1=&a;
    p2=&b;
    if（a<b）
      {
         p=*p1;
         *p1=*p2;
         *p2=p;
      }
    printf（"%d, %d\n", a, b）;
    return 0;
}
```

运行结果：

结果分析：

（4）程序如下。

```c
#include <stdio.h>
int main ( )
{
  int a[10], *p, m;
  for ( p=a; p<a+10; p++ )
    scanf ( "%d", p ) ;
  m=a[0];
  for ( p=a+1; p<a+10; p++ )
    if ( m<*p )
      {
          m=*p;
      }
  printf ( "%d\n", m ) ;
  return 0;
}
```

运行结果：

结果分析：

（5）程序如下。

```c
#include <stdio.h>
int main ( )
{
  int a[10], *p, m=0;
  for ( p=a; p<a+10; p++ )
    scanf ( "%d", p ) ;
  for ( p=a+1; p<a+10; p++ )
    m=m+*p;
  printf ( "%d\n", m ) ;
  return 0;
}
```

运行结果：

结果分析：

（6）程序如下。

```c
#include <stdio.h>
int main ()
{
    int a[10], *p, *q, t;
    for ( p=a; p<a+10; p++ )
        scanf ( "%d", p ) ;
    for ( p=a; p<a+9; p++ )
        for ( q=p+1; q<a+10; p++ )
            if ( *p>*q )
            {
                t=*p;
                *p=*q;
                *q=t
            }
    for ( p=a; p<a+10; p++ )
        printf ( "%d\n", *p ) ;
    return 0;
}
```

2. 以下程序的功能是：通过指针操作，找出三个整数中的最小值并输出。请填空。

```c
#include<stdlib.h>
main (  )
{
    int *a, *b, *c, num, x, y, z;
    a=&x;
    b=&y;
    c=&z;
    printf ( " 输入 3 个整数： " ) ;
    scanf ( "%d%d%d", a, b, c ) ;
    printf ( "%d, %d, %d\", *a, *b, *c ) ;
    num=*a;
    if ( *a>*b )
```

```
        _____;
    if（num>*c）
        _____;
    printf（"输出最小整数 d\n", num）;
}
```

3. 编写程序。

（1）编写一个程序，将用户输入的十进制整数转换成任意进制的数。

（2）设某班共有 10 名学生，评定某门课程的奖学金，规定超过全班平均成绩 10% 者发给一等奖，超过全班平均成绩 5% 者发给二等奖。编写一个程序，输出学生学号、成绩和奖学金等级。

（3）试编写一函数，将百分制成绩 X 转换为五分制成绩 Y。

$$Y= \begin{cases} 'A' & X>=90 \&\& X<=100 \\ 'B' & X>=80 \&\& X<=89 \\ 'C' & X>=70 \&\& X<=79 \\ 'D' & X>=60 \&\& X<=69 \\ 'E' & X<60 \end{cases}$$

（4）编写一函数，将数组中的 10 个整数逆置，用数组名做函数的参数。

三、实验报告

分析整理程序运行结果，完成实验报告，要求报告书写字迹清晰、格式规范。

实验 14　指　针　（2）

一、实验目的

1. 理解指针概念：掌握数组与指针的区别。

2. 理解指针变量有储地址与指向变量所指向的有储单位的区别。

3. 掌握指针用作函数的参数的方法。

二、实验内容

1. 请将下面的程序补充完整，并给出运行结果。程序功能：输入两个整数，按从大到小的顺序输出（用指针作函数的参数）。

```
#include <stdio.h>
void swap（*p1；*p2）
{
    int t；
    t=*p1；
    *p1=*p2；
    *p2=t；
}
int main（）
{
  int x, y, *p1, *p2；
  _____；
  p1=&x, p2=&y；
  if（a<b）
  swap（p1, p2）；
  _____
  return 0；
}
```

运行结果：

2. 补充程序，并给出运行结果。程序功能：输入 a，b，c 三个整数，按由大到小的顺序输出。

```
void swap（int *p1，int *p2）
{
```

```
    int t;
    t=*p1;
    *p1=*p2;
    *p2=t;
}
void exchange（_____）
{
    if（*p1<*p2）swap（p1, p2）;
    if（*p1<*p3）swap（p1, p3）;
    if（*p2<*p23）swap（p2, p3）;
}
int main（）
{
    int a, b, c, *p1, *p2, *p3;
    _____;
    p1=&a;
    p2=&b;
    p3=&c;
    exchange（p1, p2, p3）;
    _____;
    return 0;
}
```

运行结果：

3. 程序功能：10个数求大数（指针法，函数实现），要求输入十个数，并输出最大数。补充程序，测试并给出运行结果。

```
int max（int *a, int n）
{
    int m;  *p;  m=*a;
    for（p=a+1;  p<a+n;  p++）
        if（*p>m）
            m=*p;
    return m;
}
int main（）
{
    int a[10], *p;
```

```
        for（p=a；p<a+10；p++）

            _____

        m=max（a, 10）；

            _____

    }
```

运行结果：

4. 补充程序，并测试。程序功能：手动输入 n 个数，用冒泡法对这 n 个数按从小到大的顺序排序。

```
    void charge（int *p, int n）
    {
        int i, j, temp；
        for（i=0；i<n-1；i++）
            for（j=0；j<n-1-i；j++）
                {
                    if（_____）
                        {
                            temp=*（p+i）；
                            *（p+i）=*（p+i+1）；
                            *（p+i+1）=temp；
                        }
                }
    for（i=0；i<n；i++）

        _____；

    }
    int main（）
    {
        int i, n, *p；

        _____

        _____

        for（i=0；i<n；i++）

            _____

        charge（p, n）；
        return 0；
    }
```

5. 编写函数 fun，函数首部为 void fun（int a[3][3], int b[3][3]），其功能是将 3 乘 3 的矩阵 a 转置存放于 b 中。编写相应的 main 函数，验证 fun 函数的功能。补充程序，并运行。

```
void fun（int a[][3], int b[][3]）
{
    int i, j;
    for（i=0；i<3；i++）
        for（j=0；j<3；j++）
            b[j][i]=a[i][j];
        for（i=0；i<3；i++）
        {
            for（j=0；j<3；j++）
            _____
        }
int main（）
{
    int i, j, a[3][3], b[3][3];
    for（i=0；i<3；i++）
        for（j=0；j<3；j++）

    _____
fun（a, b）；/* 注意这里的 a 和 b*/
return 0;
}
```

6. 程序设计。

（1）输出 6 行杨辉三角。

```
          1
          1  1
          1  2  1
          1  3  3  1
          1  4  6  4  1
```

（2）利用指针作为函数的参数,编写一函数,能够对数组按照由小到大的顺序进行排序。

（3）输入数组，最大的元素与第一个元素交换，最小的元素与最后一个元素交换，输出数组。要求：数组的输入、按要求交换以及输出分别定义函数，采用结构化的程序设计方法。

三、实验报告

分析整理程序运行结果，完成实验报告，要求报告书写字迹清晰、格式规范。

参 考 文 献

［1］ 吴乃陵，况迎辉，李海文. C++ 程序设计［M］. 北京：高等教育出版社，2003.

［2］ 谭浩强. C 程序设计［M］. 3 版. 北京：清华大学出版社，2005.

［3］ 谭浩强. C 程序设计题解与上机指导［M］. 4 版. 北京：清华大学出版社，2010.

［4］ 谭浩强. C 程序设计［M］. 2 版. 北京：清华大学出版社，2008.

［5］ 谭浩强. C++ 程序设计［M］. 北京：清华大学出版社，2004.

［6］ 《常用 C 语言用法速查手册》编写组. 常用 C 语言用法速查手册［M］. 北京：龙门书局，
      1995.

［7］ 谭浩强. C 程序设计［M］. 4 版. 北京：清华大学出版社，2012.

［8］ 罗建军，朱丹军，顾刚，等. C++ 程序设计教程［M］. 北京：高等教育出版社，
      2007.

［9］ 陈维兴，林小茶. C++ 面向对象程序设计［M］. 北京：中国铁道出版社：2004.

［10］ 和克智. C++ 程序设计［M］. 2 版. 北京：清华大学出版社，1999.